ANLEITUNG

ZUR DARSTELLUNG

CHEMISCHER ANORGANISCHER PRÄPARATE

FÜR CHEMIKER UND PHARMAZEUTEN.

VON

DR. REINHART BLOCHMANN,

PROFESSOR AN DER UNIVERSITÄT KÖNIGSBERG.

MIT ZAHLREICHEN ABBILDUNGEN.

LEIPZIG,

VERLAG VON VEIT & COMP.

1895.

Druck von Metzger & Wittig in Leipzig.

Vorwort.

Das vorliegende Büchlein soll dem Studierenden der Chemie und Pharmazie als erste Anleitung bei der Darstellung anorganischer Präparate dienen, nachdem er durch praktische Übungen auf dem Gebiete der analytischen Chemie festen Fuß gefaßt hat.

Die rationelle Darstellung chemischer Präparate hat sich immer an die stöchiometrischen Verhältnisse der aufeinander einwirkenden Körper anzulehnen. Die Art und Weise dieser Einwirkung ist bei jedem Präparate kurz angegeben und hierauf eine bestimmte Aufgabe gestellt. Nach dieser sind die Gewichtsmengen der anzuwendenden Roh- und Hilfsstoffe von dem Praktikanten selbst zu bemessen. Wo ein Abweichen von den stöchiometrischen Verhältnissen aus praktischen oder anderen Gründen geboten erscheint, ist dies hervorgehoben und begründet. Der Ausführende kann sonach zunächst eine Rechnung nicht umgehen, welche das Verständnis der chemischen Vorgänge, die er herbeiführen will, voraussetzt.

Die erreichbare Ausbeute, oder das Verhältnis, in welchem dieselbe zur Theorie steht, ist zum Vergleich der gewonnenen Resultate vermerkt. Vorausgesetzt ist dabei, daß der Prozeß bis zu Ende durchgeführt wurde. Auf die Merkmale, durch welche sich die Beendigung der Reaktion zu erkennen giebt, wurde, wo es erforderlich schien, hingewiesen und ebenso zur Kontrolle des richtigen Verlaufs der Operation auf die zu beobachtenden Erscheinungen aufmerksam gemacht.

Wenn die Absicht vorliegt, eine bestimmte Verbindung herzustellen, so läßt sich dies nur in wenigen Fällen in der Weise ausführen, daß die erforderlichen Materialien in dem Produkt (wie Eisenvitriol, Schwefelsäure, Ammoniak und Salpetersäure im Eisenammoniakalaun) ohne greifbare Nebenprodukte aufgehen. In den meisten Fällen entstehen solche Nebenprodukte. Gewisse Zweige der chemischen Großindustrie sind nur infolge einer Verwertung der Nebenprodukte rentabel. Überall da, wo diese Nebenprodukte verwertbar erscheinen, ist aufgegeben, dieselben in einer brauchbaren Form zu gewinnen, in der Absicht, eine frühzeitige Gewöhnung: den Verlauf einer Reaktion nach jeder Richtung hin zu beachten, anzuregen.

Für die Auswahl der Präparate war maßgebend:

1. Als Ausgangsmaterial dienen

   a) Naturprodukte (wie Schwerspat, Kryolith, Grauspießglanzerz) oder Produkte der chemischen Großindustrie (wie Schwefelsäure, Salzsäure, Soda, Salpeter);

b) die bei vorausgegangenen Operationen erhaltenen Haupt- und Nebenprodukte.

Die Kosten für die Rohmaterialien zur Herstellung der Präparate, welche an einigen Orten von den Instituten, an anderen Orten von den Praktikanten selbst getragen zu werden pflegen, sind daher gering[1] und die Aufhäufung nicht verwertbarer Produkte ist vermieden.

2. Die Zeitdauer, welche einzelne Operationen ohne Unterbrechung erfordern, übersteigt nicht die in der Regel verfügbare Arbeitszeit von 2 bis 3 Stunden.

Ein Vermerk hierüber an geeigneter Stelle erleichtert es dem Ausführenden, eine zweckmäßige Disposition zu treffen.

3. Die ausgewählten Präparate sollen Gelegenheit geben, die verschiedenartigsten chemischen Vorgänge, die gebräuchlichsten Operationen und mannigfache bewährte, leicht zu beschaffende Apparate kennen zu lernen.

Was die Art der Darstellung betrifft, so sind bei jedem Präparat zunächst die erforderlichen Roh- und Hilfsstoffe benannt, dann folgt eine kurze Angabe über den Verlauf des chemischen Vorgangs und nun ist in

[1] Die Kosten für Roh- und Hilfsstoffe zur Ausführung sämtlicher Präparate belaufen sich auf etwa 6 Mark.

bestimmter Weise die Aufgabe gestellt. Die sich anschließende Beschreibung der auszuführenden Operationen bezw. die Anleitung zur Herrichtung des Apparates ist bei den ersten Präparaten in eingehendster Weise erfolgt, bei den späteren, bei denen schon eine gewisse Übung vorausgesetzt wird, in knapperer Form gegeben. Ein Hinweis auf die Ausbeute, Eigenschaften und Prüfung des Präparates beschließt die einzelnen Abschnitte.

Königsberg i. Pr., im Januar 1895.

R. Blochmann.

Inhalt.

Präparate.

Tabellen.

Präparate.

1. Salzsäure.

(**Nebenprodukt:** *Mononatriumsulfat.*)

Roh- u. Hilfsstoffe: Kochsalz, konz. Schwefelsäure, konz. Salzsäure.

Bei der Einwirkung von konz. Schwefelsäure auf Kochsalz entsteht bei gewöhnlicher Temperatur, sowie bei mäßigem Erwärmen neben Salzsäure zunächst Mononatriumsulfat, auch wenn Kochsalz im Überschuß vorhanden ist:

1) $$2 NaCl + H_2SO_4 = HCl + NaHSO_4 + NaCl.$$

Erst beim stärkeren Erhitzen des Reaktionsgemisches setzt sich das Mononatriumsulfat mit noch vorhandenem Kochsalz um:

2) $$NaHSO_4 + NaCl = Na_2SO_4 + HCl.$$

Im Kleinen[1] bereitet man die Salzsäure nach der Gleichung:

3) $$NaCl + H_2SO_4 = HCl + NaHSO_4.$$

Aufgabe: *Es sollen 500 g einer wässrigen Lösung von Salzsäure mit 20 Proz. HCl dargestellt werden.*

Der Apparat (siehe Fig. 1) besteht aus dem Entwickelungsgefäß *A*, das auf einem Tellerbrenner im Sandbade steht, der Waschflasche *B* und der Retorte *C*, die zur Aufnahme des Wassers dient, in welches die Salzsäure geleitet werden soll. Die Retorte ruht mit dem Bauche in einer Schale zur Aufnahme des Kühlwassers von etwa 3 l Inhalt und ist so in die Klemme eines Stativs zu befestigen, daß sie um die Achse ihres Halses drehbar ist.

---

[1] In der Technik arbeitet man in gemauerten Öfen und weil es ökonomischer ist, oder in der Absicht Binatriumsulfat zu erhalten, nach der Gleichung:

$$2 NaCl + H_2SO_4 = 2 HCl + Na_2SO_4.$$

Als Entwickelungsgefäß dient ein Rundkolben *A* von etwa 2 l Inhalt. Die Öffnung desselben ist durch einen gutschließenden Kork, in dessen Durchbohrungen ein Sicherheitstrichter *a* und das Gasableitungsrohr *b* luftdicht passen, verschlossen. Es ist zweckmäßig, die Röhre *b* (und ebenso die Röhre *e*) an ihrem

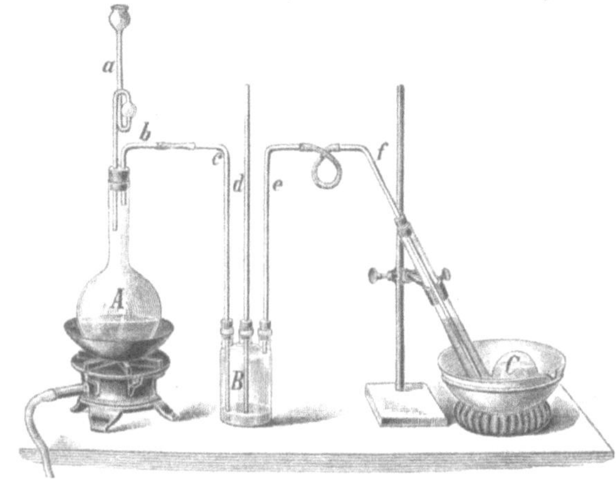

Fig. 1. Apparat zur Darstellung von Salzsäure.

unteren Ende abzuschrägen, oder in das untere Ende derselben seitlich ein Loch einzufeilen, um zu vermeiden, daß die hier sich ansammelnden Tropfen von dem Gasstrom mitgerissen werden.

Die dreihalsige Waschflasche *B* faßt ungefähr 0,5 l, man wählt sie am besten so aus, daß ihre Höhe etwa noch einmal so groß ist, als ihr Durchmesser. Die Hälse sind mit Korkstopfen verschlossen, durch deren Bohrungen das Zuleitungsrohr *c*, das Ableitungsrohr *e* und das Sicherheitsrohr *d*, welches ein Zurücksteigen der Flüssigkeit aus *B* nach *A* verhindert, luftdicht führen. (An Stelle der dreihalsigen Waschflasche kann auch eine Kochflasche u. s. w. treten, die mit einem dreifach durchbohrten Kork versehen ist.)

Die Retorte soll bei wagrechter Lage des Halses in ihrem Bauche 400 bis 450 ccm fassen, der Hals soll so weit sein, daß das Flüssigkeitsquantum, welches, wenn der Hals der Retorte schräg nach oben gerichtet wird, durch Luft verdrängbar ist, in dem Halse Platz findet. Der Kork, welcher der am unteren Ende etwas umgebogenen Röhre *f* als Führung dient, schließt die Öffnung der

Retorte nicht luftdicht ab, ist vielmehr, um dies zu verhindern, der Länge nach mit einem Einschnitt versehen.

Die Röhren *b* und *c* sind durch ein kurzes, die Röhren *e* und *f* durch ein längeres Stück Kautschukschlauch mit einander verbunden.

Ausführung: Ist der Apparat auf den luftdichten Verschluß seiner einzelnen Teile hin untersucht, dann ermittele zunächst das Gewicht des Entwickelungskolbens, der Waschflasche und der Retorte. In die Retorte bringe die erforderliche Menge destilliertes Wasser,[1] die Waschflasche fülle ungefähr zu $^1/_5$ mit konz. Salzsäure,[2] deren spez. Gewicht zuvor mittels eines Aräometers festgestellt ist, und wäge die Flasche hierauf wieder. Die konz. Schwefelsäure ist nach Gleichung 3 unter Berücksichtigung ihres spez. Gewichtes zu bemessen und mit $^1/_5$ ihres Gewichts Wasser zu verdünnen (in welcher Weise? Vorsicht!), um eine zu stürmische Einwirkung zu vermeiden. Nach dem Erkalten wird das Gemisch in den Entwickelungskolben, in welchem sich das Kochsalz bereits befindet, durch die Trichterröhre *a* gegossen. Zuvor ist jedoch der Retorte eine solche Stellung zu geben, daß die durch das Eingießen der Säure aus dem Apparat verdrängte Luft sich nicht im Bauche der Retorte ansammeln kann, sondern sogleich durch den Hals derselben entweicht. Durch Umschwenken des Entwickelungskolbens führe eine gleichmäßige Mischung des Kochsalzes und der Schwefelsäure herbei und zünde hierauf die Flamme unter dem Sandbade an.

Sobald im Halse der Retorte weiße Nebel auftreten und das infolge der Absorption anfangs entstehende Geräusch bemerkbar wird, bringe die Re-

[1] Vgl. die Anmerkung Seite 7.

[2] Würde man Wasser in die Waschflasche geben, so würde von demselben ein erheblicher Teil HCl zurückgehalten werden und das Produkt nicht die gewünschte Stärke erreichen.

torte in die Lage, in welcher sich alle aufsteigenden Gasblasen im Bauche derselben ansammeln. Es tritt bald eine lebhafte Salzsäureentwickelung ein, die durch eine größere Flamme weiter gesteigert werden kann, wobei jedoch zu beachten ist, daß der Inhalt des Entwickelungskolbens nicht überschäume. Bedeckt man den nicht ins Wasser eintauchenden Teil des Retortenbauches mit einem nassen Lappen, so ist ein nennenswerter Verlust an Salzsäure, infolge unvollständiger Absorption nicht zu befürchten. Man kann sich von der vollständigen Absorption leicht überzeugen, wenn man einen mit Ammoniak befeuchteten Glasstab an die Öffnung des Retortenhalses bringt, oder wenn man in den Einschnitt des Korkes, durch welchen die Röhre *f* in die Retorte geführt ist, einen Streifen blaues Lackmuspapier steckt. Steigt der Druck im Bauche der Retorte während der Operation so weit, daß ihm die Flüssigkeitssäule in der Sicherheitsröhe *a* nicht mehr das Gleichgewicht zu halten vermag, so vermindere den Druck in der Retorte durch geeignetes Drehen derselben.

Das Ende der Reaktion giebt sich durch folgende Erscheinungen zu erkennen: das Schäumen in dem Entwickelungskolben läßt nach, die Röhren, welche denselben mit der Waschflasche verbinden, werden heiß (warum?), die Flüssigkeit in der Retorte zeigt Neigung durch die Röhre *f* zurück zu steigen, und endlich treten in die Waschflasche durch das Sicherheitsrohr Luftblasen ein. Man löst jetzt, nachdem die Flamme unter dem Sandbade zuvor kleiner gestellt ist, die Kautschukverbindung zwischen *A* und *B*, macht die Flamme wieder größer und prüft die austretenden Dämpfe. Treten an einem mit Ammoniak befeuchteten Glasstab keine deutlich sichtbaren Salmiaknebel auf, so ist die Operation beendet. — D a u e r d e r O p e r a t i o n: Ungefähr 2 Stunden.

Ausbeute: *Zur Ermittelung der Ausbeute ist das absolute und spezifische Gewicht des Inhaltes der Retorte und der Waschflasche zu bestimmen. Die Berechnung ergiebt, ob in der Waschflasche mehr oder weniger HCl vorhanden ist, als vor Beginn des Versuches in dieselbe gebracht wurde. Das Plus ist der in der Retorte gefundenen HCl hinzu zu addieren, das Minus abzuziehen. Bei richtigem Verlauf der Operation erhält man 90 bis 95 Proz. der theoretischen Ausbeute. Das Produkt enthält jedoch in der Regel nur 18 bis 19 Proz. HCl.*[1]

Prüfung: Das Produkt ist arsenfrei, wenn die verwendete Schwefelsäure arsenfrei war, es soll frei von Schwefelsäure sein und, ohne einen Rückstand zu hinterlassen, verdampfen.

Nebenprodukt: *Mononatriumsulfat*, $NaHSO_4$.

Der Kolbeninhalt erstarrt nach dem Erkalten krystallinisch. Übergieße ihn mit der seinem Gewicht gleichen Menge Wasser und löse ihn durch Erwärmen auf dem Wasserbade. Nach dem Abfiltrieren dampfe zunächst in einer Porzellanschale auf dem Wasserbade ein, bis sich auf der Oberfläche der Lösung eine Salzhaut zu bilden beginnt. Dann setze die Porzellanschale über einem Drahtnetz auf einen Tellerbrenner und erhitze unter Umrühren weiter bis kein Schäumen mehr stattfindet. Die Temperatur der geschmolzenen Masse beträgt dann etwa 250°. Streicht man den beim Herausnehmen des Thermometers an der Kugel hängenbleibenden Tropfen auf einen Glasscherben ab, so er-

[1] Um der Aufgabe, 20prozentige Salzsäure herzustellen, genügen zu können, gieb von den berechneten 400 g Wasser vor Beginn der Darstellung nur den größeren Teil in die Retorte und reserviere etwas (etwa 50 g) Wasser. Es ist dann von vornherein ein stärkeres Produkt zu erwarten, welches mit einem Teil des reservierten Wassers genau auf 20 Proz. HCl verdünnt werden kann.

starrt der Tropfen sogleich zu einer festen Masse, die sich mit dem Fingernagel nicht mehr teilen läßt. Der Inhalt der Schale wird jetzt in eine eiserne Stangenform (Fig. 2) oder auf eine Platte ausgegossen.

Ausbeute: *95 Proz. der Theorie.*

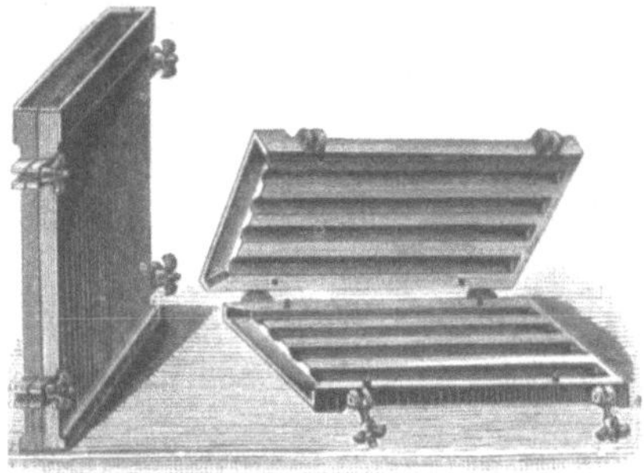

Fig. 2. Apparat zum Ausgießen in Stangenform.

2. Ammoniak.

(**Nebenprodukt:** *Granuliertes Chlorcalcium.*)

Roh- u. Hilfsstoffe: Salmiak, gebrannter Kalk, konz. Ammoniak.

Kalkhydrat macht aus Salmiak Ammoniak frei:

1) $2 NH_4Cl + Ca(OH)_2 = 2 NH_3 + CaCl_2 + 2 H_2O.$

Das Kalkhydrat ist aus gebranntem Kalk darzustellen:

2) $CaO + H_2O = Ca(OH)_2.$

Aufgabe: *Es sollen 500 g einer wässrigen Lösung von Ammoniak mit 10 Proz. NH_3 dargestellt werden.*

Apparat: wie bei Präparat 1.

Ausführung: Zur Bereitung des Kalkhydrats nimm 20 Proz. (frisch gebrannten) Kalk mehr, als die Gleichung 1 erfordert, weil der Kalk, abgesehen von Magnesia, Eisenoxyd u. s. w. mehr oder weniger Wasser und Kohlensäure (aus der Luft) enthält. Übergieße den Kalk in einer Schale mit der nach Gleichung 2 erforderlichen Menge Wasser. Das beim Löschen verdampfende Wasser ersetze, was sich leicht bewerkstelligen läßt, wenn die Schale leer gewogen wurde. Der Kalk soll nach dem Löschen zu Pulver zerfallen sein und sich trocken anfühlen. — Die Dauer des Löschens richtet sich nach der Beschaffenheit des Kalkes; sie beträgt bis zur hinreichenden Abkühlung des Kalkes in der Regel 2 bis 3 Stunden.

Ist der Apparat auf den luftdichten Verschluß seiner einzelnen Teile hin untersucht, dann bringe in die Retorte[1] die erforderliche Menge destilliertes Wasser[2] und in die Waschflasche ungefähr 100 g Ammoniak vom spez. Gew. 0,945 bis 0,960. (Absol. und spez. Gew. sind genau zu ermitteln!) Nachdem der gelöschte Kalk und die nach Gleichung 1 berechnete Menge Salmiak in den Entwickelungskolben geschüttet sind, gieße durch den Hals desselben soviel Wasser, als zur Lösung des Salmiaks bei 100° erforderlich ist, verschließe den Kolben sogleich, mische den Inhalt durch Umschwenken und erwärme auf dem Sandbade. Die Retorte bringe in eine solche Lage, daß die Gasblasen, welche in dieselbe eintreten, zunächst in den Bauch der Retorte gelangen. Sobald das von der Absorption des Ammoniaks herrührende knatternde Geräusch bemerkbar wird, entferne durch Drehung der Retorte die Luft aus dem Bauche der-

[1] Die sichere Darstellung des Präparates ist mit von der richtigen Größe der Retorte abhängig. Das vorgelegte Wasser soll in dem Bauche der Retorte bei wagrechter Stellung des Halses Platz haben.

[2] Nach den beim Präparat 1 gemachten Erfahrungen muß es von vornherein zweckmäßig erscheinen, um der Aufgabe, 10 prozentiges Ammoniak herzustellen, zu genügen, von den erforderlichen 450 g Wasser einen Teil (50 bis 100 g) zu reservieren. Es ist dann ein etwas stärkeres Produkt zu erwarten, welches mit dem noch disponiblen Wasser genau auf 10 Proz. NH_3 verdünnt werden kann.

selben und gieb ihr eine feste Stellung. Zeitweise ist durch geeignetes Drehen der Retorte der sich steigernde Druck zu regulieren. Das Kühlen der Retorte geschieht wie bei Versuch 1. Wendet man ein Gefäß an, das etwa 3 l faßt, so steigt die Temperatur des Kühlwassers während der Dauer der Operation nur um 5 bis 10° C.

Die Flamme unter dem Sandbade ist so zu regulieren, daß ein lebhaftes Kochen des Kolbeninhaltes stattfindet. Der Inhalt der Waschflasche erhitzt sich dabei mehr und mehr und nimmt infolge des Überdestillierens von Wasser[1] erheblich zu.

Das Ende der Operation erkennt man daran, daß die Flüssigkeit in der Retorte Neigung zeigt, durch die Röhre *f* zurück zu steigen. Wenn dies eintritt, setze das Erhitzen noch etwa $^1/_2$ Stunde fort und prüfe hierauf nach dem Lösen des die Waschflasche und den Entwickelungskolben verbindenden Kautschukschlauches die frei entweichenden Dämpfe. Treten an einem mit Salzsäure befeuchteten Glasstab keine deutlich sichtbaren Salmiaknebel auf, so ist die Operation beendet. — Dauer der Operation ungefähr: 3 Stunden.

Ausbeute: *Die Berechnung der Ausbeute erfolgt wie bei Präp. 1 angegeben. Bei regelrechtem Verlauf der Operation werden bis 95 Prox. der möglichen Ausbeute erhalten.*

Prüfung: Das Produkt soll beim Verdampfen keinen Rückstand hinterlassen.

Nebenprodukt: *Granuliertes Chlorcalcium* $CaCl_2$.

Den Kolbeninhalt gieße noch warm von den in der Regel zurückbleibenden festen Stücken[2] in eine

[1] Es destillieren während der Operation etwa 150 g Wasser in die Waschflasche über.

[2] Dieselben bestehen im wesentlichen aus Calciumoxychlorid $\left(Ca{Cl \atop OH}\right)$.

Porzellanschale ab und koche ihn unter Umrühren so lange, bis ein über die Schale gehaltener Streifen Lackmuspapier nicht mehr blau gefärbt wird. Hierauf verdünne den Inhalt der Schale (vorsichtig!) mit etwa 500 ccm Wasser, gieße ihn in ein Becherglas und lasse über Nacht absitzen. Ist die Flüssigkeit über dem Bodensatz gefärbt, so füge, um das Eisen vollständig zu oxydieren, einige Gramme Chlorkalk, die zuvor mit etwas Wasser angerührt wurden, hinzu, und neutralisiere hierauf mit Salzsäure. Sollte hierbei die Flüssigkeit wider Willen sauer geworden sein, so ist etwas Kalkwasser zuzusetzen. Nach dem Absitzen filtriere die farblose Flüssigkeit durch ein Faltenfilter klar ab und dampfe in einer Porzellanschale zunächst auf dem Wasserbade ein, bis sich die Menge der Flüssigkeit nicht mehr verringert.[1] Nun erhitze über der mit einem Drahtnetz bedeckten Flamme eines Tellerbrenners unter beständigem Umrühren so lange, bis der Inhalt der Schale fest geworden ist, auch dann setze nach Entfernung des Drahtnetzes das Erhitzen noch weiter fort, bis sich auf einem über die Schale gehaltenen Glasscherben kein Beschlag von Wasserdampf mehr bildet.

Das entwässerte Chlorcalcium ist sehr hygroskopisch und findet daher Anwendung zum Trocknen von Gasen, zur quantitativen Bestimmung des Wassers bei der Elementaranalyse u. s. w. Es ist zweckmäßig, das Chlorcalcium sogleich zu körnen und in die hierzu bestimmten Röhren zu bringen.

Zu diesem Zweck entleere den noch heißen Inhalt der Schale in einen Porzellanmörser, zerkleinere die größeren Stücke bis zu Erbsengröße und siebe — alle Operationen sind möglichst zu beschleunigen — das Pulver ab. Man bedient sich hierbei am besten zweier

[1] Läßt man die Flüssigkeit jetzt erkalten, so krystallisiert $CaCl_2$, $6aq$ aus.

Siebe mit verschieden großen Öffnungen, die so zu wählen sind, daß die gewünschte Korngröße durch die Löcher des einen Siebes hindurchfällt, auf dem andern jedoch liegen bleibt. In die kugelförmige Erweiterung der fertig zugerichteten Chlorcalciumröhre bringe zunächst etwas Watte, schütte das gekörnte Chlorcalcium darauf und bedecke die oberste Schicht wieder mit Watte, bevor die Röhre mit dem Stopfen verschlossen wird.

Soll die Chlorcalciumröhre zu quantitativen Bestimmungen dienen, so ist es unerläßlich, zuvor Kohlensäure durch dieselbe zu leiten, um Calciumoxychlorid, welches beim starken Erhitzen in geringer Menge immer entsteht, in neutrale Salze zu verwandeln:

$$2\,Ca_{Cl}^{OH} + CO_2 = CaCl_2 + CaCO_3 + H_2O.$$

3. Natriumammoniumsulfat.

$NaNH_4SO_4,\ 2aq.$

Roh- u. Hilfsstoffe: Mononatriumsulfat, Ammoniak.

Die Bildung des Salzes erfolgt nach der Gleichung:

$$NaHSO_4 + NH_3 = NaNH_4SO_4.$$

Aufgabe: *Aus dem bei Präparat 1 als Nebenprodukt gewonnenen Mononatriumsulfat und Ammoniak vom spez. Gew. 0.880 bis 0.900 stelle die Verbindung dar und zwar in der Art, daß nach dem Erkalten des Gemisches ohne weiteres Eindampfen die Ausscheidung von 100 g des krystallisierten Doppelsalzes zu erwarten ist.*

Ausführung: In einen Rundkolben von etwa 1 l Inhalt gieb die vorhandene Menge des Mononatriumsulfats und die unter Berücksichtigung des Wassergehaltes des zu verwendenden Ammoniaks berechnete Wassermenge. Nachdem sich der größte Teil des Salzes gelöst hat, gieße etwa 10 ccm von der Lösung in ein Probierglas ab. Hierauf gieb vorsichtig die abgewogene Menge Ammoniak in den Kolben. Die Lösung erwärmt sich hierbei (auf etwa 80° C.) und wird alkalisch; tritt gleichzeitig eine Trübung[1] ein, so filtriere in eine flache Porzellanschale, setze nun unter Umrühren soviel von der in das Probierglas abgegossenen Lösung zu dem Inhalt der Schale, daß derselbe neutral reagiert und stelle die Schale an einen kühlen Ort.

Das Natriumammoniumsulfat bildet gern übersättigte Lösungen. Es ereignet sich daher oft, daß selbst nach tagelangem Stehen nichts auskrystallisiert. In diesem Fall bringe einige Tropfen der Lösung auf ein Uhrglas, verdampfe dieselben bis sich beim Erkalten Krystalle ausscheiden und wirf dieselben in die Schale.

Eigenschaften: Rhombische Krystalle. 1 Teil $NaNH_4SO_4, 2aq$ löst sich bei 15° in $2^1/_7$ Teilen Wasser.

4. Salpetersäure.

(**Nebenprodukt:** *Monokaliumsulfat*, $KHSO_4$.)

Roh- u. Hilfsstoffe: Kalisalpeter, konz. Schwefelsäure.

Die Darstellung erfolgt nach der Gleichung:

$$KNO_3 + H_2SO_4 = HNO_3 + KHSO_4.$$

Aufgabe: *Es sollen 100 g* HNO_3 *dargestellt werden.*

Der **Apparat** besteht aus einer Retorte *A* und dem Rundkolben *B*, welche, wie die Fig. 3 zeigt, ineinandergefügt sind. Die Retorte ruht in einem Sandbade, das auf dem Tellerbrenner *C* steht. Der Rundkolben liegt in der zur Aufnahme des Kühlwassers bestimmten Schale und wird durch ein Stativ, das seinen Hals umklammert, in dieser Lage festgehalten.

[1] Infolge der Ausscheidung von in dem bei Gewinnung des Sulfats verwendeten Kochsalz, bezw. in der Schwefelsäure etwa vorhanden gewesenen Verunreinigungen (Eisenoxyd, Thonerde, Magnesia u. s. w.).

Die Retorte soll in ihrem Bauche 0,7 bis 0,8 l fassen und mit ihrem Halse so in den Rundkolben von ungefähr 1 l passen, daß, wenn derselbe den oberen Teil des Halses der Retorte fest umschließt, das untere Ende desselben bis in die Mitte der Kugel des Rundkolbens reicht.

Fig. 3. Zur Darstellung von Salpetersäure.

Vermag die Schale ungefähr 3 l Kühlwasser aufzunehmen, so ist eine Erneuerung desselben während der Operation nicht nötig.

Ausführung: Bringe den Salpeter in die trockene Retorte, füge hierauf die erforderliche Menge konz. Schwefelsäure durch einen Trichter, dessen Stiel bis in den Bauch der Retorte reicht, hinzu und ziehe den Trichter nach dem Abtropfen der Schwefelsäure vorsichtig aus dem Halse der Retorte ohne hierbei die Wandungen derselben zu berühren. Beim Umschwenken der Retorte erwärmt sich der Inhalt.

Stelle Retorte und Vorlage unter einem Abzuge auf, gieb in die Schale kaltes Wasser und erwärme das Sandbad zunächst mit kleiner Flamme. Es treten bald Dämpfe auf, die anfangs infolge von Reduktion der Salpetersäure durch Spuren des dem Salpeter beigemengten Staubes und gegen Ende der Operation infolge von Zersetzung der Salpetersäure durch die Hitze gelbbraun gefärbt sind. Die Flamme läßt sich leicht so regulieren, daß die Dämpfe sich im Halse der Retorte und in der Vorlage vollständig verdichten, was durch Auflegen eines nassen Lappens auf letztere begünstigt wird.

Ist der Inhalt der Retorte, der sich zunächst zum Teil wenigstens verflüssigt, wieder fest geworden, so ist die Hitze zu steigern. Das Ende der Operation erkennt man daran, daß nur noch von Zeit zu Zeit Tropfen in die Vorlage fallen und die Dämpfe in der Retorte sich dunkler färben. Nimm jetzt mit der nötigen Vorsicht das Sandbad unter der Retorte weg, ersetze es durch ein Drahtnetz und erhitze noch so lange, bis der Inhalt der Retorte geschmolzen ist. Nun ziehe die Retorte, wobei die Hand durch Umwickeln mit einem Handtuch zu schützen ist, aus dem Halse der Vorlage und gieße das Monokaliumsulfat in eine dünnwandige Porzellanschale von ungefähr 400 ccm Inhalt, die zuvor auf das heiße Sandbad gestellt war. Um den letzten Rest des Salpeters aus dem Produkt zu entfernen, erhitze die Schale noch kurze Zeit über dem Drahtnetz auf etwa 280° und gieße hierauf den Inhalt in eine eiserne Stangenform oder auf eine Platte aus. — Dauer der Operation: 2 bis $2^1/_2$ Stunden.

Die Salpetersäure ist in einer Flasche mit Glasstopfen zu verwahren.

Ausbeute: *Ungefähr 100 g Salpetersäure mit 95 bis 97 Proz. HNO_3.*

Der Gehalt an HNO_3 wird am zuverlässigsten durch Titrieren ermittelt.

Eigenschaften u. Prüfung: An der Luft rauchende, schwach gelblich gefärbte Flüssigkeit, die bei 86° zu sieden beginnt. Erwärmt sich beim Mischen mit Wasser (Vorsicht!). Das Produkt soll frei von Schwefelsäure sein; es ist chlorfrei, wenn der Salpeter und die konz. Schwefelsäure chlorfrei waren.

5. Rote, rauchende Salpetersäure.

(**Nebenprodukt:** *Kaliumsulfat*, K_2SO_4.)

Roh- u. Hilfsstoffe: Kalisalpeter, konz. Schwefelsäure.

Die rote, rauchende Salpetersäure ist eine Lösung von NO_2 in Salpetersäure mit wenig Wasser ($HNO_3 + NO_2 + \frac{1}{2}H_2O$). Die Darstellung erfolgt durch Einwirkung von 1 Mol. konz. Schwefelsäure auf 2 Mol. Salpeter. Zunächst entsteht bei mäßigem Erhitzen des Gemisches neben Salpetersäure, Monokaliumsulfat, obgleich Salpeter im Überschuß vorhanden ist:

1) $$2KNO_3 + H_2SO_4 = HNO_3 + KHSO_4 + KNO_3 .$$

Beim stärkeren Erhitzen setzt sich das Monosulfat mit dem noch unveränderten Salpeter um. Die freiwerdende Salpetersäure ist bei der gesteigerten Temperatur nicht mehr beständig, sie zerfällt (bei 256°) in NO_2, Sauerstoff und Wasser:

2) $$KHSO_4 + KNO_3 = K_2SO_4 + HNO_3$$

3) $$HNO_3 = NO_2 + \frac{1}{2}H_2O + \frac{1}{2}O .$$

Das NO_2 wird von der in der ersten Phase der Zersetzung entstandenen Salpetersäure gelöst.

Aufgabe: *Es sollen 100 g rote, rauchende Salpetersäure dargestellt werden.*

Apparat: wie bei Präparat 4.

Ausführung: Zunächst wie bei Präparat 4. Wenn sich der Inhalt der Retorte vollständig verflüssigt hat und das Niedertropfen der Salpetersäure in die Vorlage nachläßt, ist die erste Phase der Umsetzung nahezu beendet. Man ersetzt jetzt das Sandbad durch ein Drahtnetz und steigert die Hitze vorsichtig. Bald tritt ein vorübergehendes Schäumen des Retorteninhaltes ein, durch aufmerksames Regulieren der Flamme läßt sich jedoch ein Überschäumen leicht vermeiden. Die

Dämpfe, welche den ganzen Apparat erfüllen, färben sich dunkler, zuletzt schwarzbraun. Ist der Inhalt der Retorte fest geworden, so erhitze etwas stärker, jedoch nicht so stark, daß größere Mengen der braunen Dämpfe zwischen dem Halse der Vorlage und der Retorte entweichen. — Dauer der Operation: ungefähr 3 Stunden.

Nachdem der Apparat völlig erkaltet ist, gieße das Destillat in eine tarierte Flasche mit Glasstopfen.

Die **Ausbeute** *an roter, rauchender Salpetersäure beträgt 90 bis 95 g.*

Prüfung: Das Produkt soll frei von Schwefelsäure sein.

Nebenprodukt: *Krystallisiertes Kaliumsulfat,* K_2SO_4.

Das in der Retorte zurückgebliebene Kaliumsulfat löse in einer der Löslichkeit desselben in der Siedehitze entsprechenden Menge Wasser auf und gieße die kochende, klare Lösung in eine flache Porzellanschale. Beim Erkalten krystallisieren 60 bis 70 g Kaliumsulfat aus; durch Einengen der Mutterlauge erhält man leicht noch 40 bis 50 g Krystalle.

Eigenschaften: Rhombische Krystalle, wasserfrei. Löslich in 10 T. Wasser von 15°, in 4 T. Wasser von 100°. Schmelzpunkt 1078° (Victor Meyer).

---

6. Soda und Thonerde aus Kryolith.

(**Nebenprodukt:** *Fluorcalcium.*)

Roh- u. Hilfsstoffe: Kryolith, gebrannter Marmor, Kohlensäure.

Ätzkalk entzieht bereits bei der Siedetemperatur des Wassers dem Kryolith das Fluor unter Bildung von Natriumaluminat und Fluorcalcium:

$$AlF_3, 3\,NaF + 3\,CaO = Al(ONa)_3 + 3\,CaF_2\,.$$

Leitet man in die Lösung des Natriumaluminats Kohlensäure, so entstehen Thonerde und Soda:

$$2\,Al(ONa)_3 + 3\,CO_2 + 3\,H_2O = 2\,Al(OH)_3 + 3\,Na_2CO_3.$$

Aufgabe: *100 g Kryolith sollen in Thonerde und Soda verwandelt werden.*

Ausführung: Den gebrannten Marmor[1] (ungefähr 5 Proz. mehr als der Gleichung entspricht) lösche mit der erforderlichen Menge Wasser in einer etwa 1 l fassenden Porzellanschale und rühre ihn mit 500 g Wasser zu Kalkmilch an. Hierauf schütte den aufs feinste gemahlenen Kryolith in die Kalkmilch und erwärme das Gemisch über einem Drahtnetz unter beständigem Umrühren zum Kochen. Das Kochen ist unter zeitweisem Ersatz des verdampfenden Wassers etwa eine Stunde lang zu unterhalten, wobei sich der Inhalt der Schale mehr oder weniger verdickt; dem Verspritzen läßt sich durch fleißiges Umrühren vorbeugen.

Fig. 4. Tenakel und Colatorium.

Die fortschreitende Umsetzung läßt sich am einfachsten mit Hilfe des Mikroskops verfolgen. Nach beendeter Reaktion sind unregelmäßig begrenzte, scharfkantige Kryolithtrümmer nicht mehr erkennbar. Das Reaktionsgemisch wird mit etwa 500 ccm heißem Wasser verdünnt und zunächst koliert. Hierzu verwende einen mit Leinwand bespannten Holzrahmen (Tenakel),[2] der über

[1] Der Kalk soll möglichst eisenfrei sein, daher wendet man am besten gebrannten Marmor an.

[2] Das seit alters her gebrauchte Tenakel ist ein quadratischer Rahmen von Holzstäben. Die Spitzen der Nägel, welche die Holzstäbe an den Kreuzungen zusammenhalten, ragen aus dem Holze soweit hervor, daß sich die Leinwand bequem durch-

einer Porzellanschale liegt. (Siehe Fig. 4.) Der auf der Leinwand verbleibende Rückstand ist wiederholt mit wenig warmem Wasser auszuwaschen, indem man ihn mit dem Waschwasser gut durcheinander rührt. Auf diese Weise gelingt das Auswaschen bis zur schwach alkalischen Reaktion leicht unter Anwendung von $1^1/_2$ bis 2 l Wasser. Ist das Auswaschen beendet, so nimm das Colatorium in geeigneter Weise vom Tenakel und winde es mit den Händen aus.

Der Rückstand, welcher vorzugsweise aus Fluorcalcium besteht und den überschüssig zugesetzten Kalk (bezw. kohlensauren Kalk) enthält, ist zu trocknen und für das Präparat 16 aufzubewahren.

Die trübe Colatur ist durch ein Papierfilter zu klären. In die klare Lösung leite Kohlensäure durch ein weites Glasrohr ein, bis die Thonerde vollständig ausgefällt ist. Die Thonerde wird zweckmäßig, wie das Fluorcalcium, mit Hilfe eines Leinwandstückes coliert, ausgewaschen und hierauf getrocknet. Dampft man das klare Filtrat bis auf etwa 200 g ein, so krystallisieren in der Regel 120 bis 150 g Soda aus.

Die **Ausbeute** *an Thonerde beträgt nahezu 95 Proz. der Theorie.*

Eigenschaften u. Prüfung der Soda ($Na_2CO_3, 10\,aq$): Monokline Krystalle, die an der Luft verwittern, bei 50° schmelzen und bei fortgesetztem Erhitzen alles Krystallwasser verlieren (entwässerte oder calcinierte Soda). Das Produkt soll frei von Kalk und Thonerde

stechen und an ihnen aufhängen läßt. Die über die Kreuzungen hinausgehenden Teile der Holzstäbe dienen zum Auflegen des Tenakels auf die Ränder einer Porzellanschale. Die mit Hilfe eines Tenakels von festen Stoffen getrennte Flüssigkeit nennt man Colatur, das verwendete Zeugstück heißt Colatorium, die Operation „colieren". Die Colatur ist in der Regel trüb und durch ein Papierfilter zu klären.

sein. Die Art der Darstellung schließt die übliche Verunreinigung der Leblanc- und Ammoniak-Soda (Chlor, Schwefelsäure, Ammoniak) aus.

7. Alaun.

$AlK(SO_4)_2$, *12 aq.*

(**Zwischenprodukt:** *Aluminiumsulfat.*)

Roh- u. Hilfsstoffe: Thonerde, Kaliumsulfat[1], konz. Schwefelsäure.

Die Darstellung des Alauns erfolgt nach der Gleichung:

$$2Al(OH)_3 + 3H_2SO_4 + K_2SO_4 + 18H_2O = 2[AlK(SO_4)_2, 12aq].$$

Aufgabe: *Verwandle die bei Präparat 6 erhaltene Thonerde in Alaun. Verwende hierbei jedoch nur so viel Wasser, daß beim Erkalten der Alaunlösung das Auskrystallisieren der Hälfte des Produktes zu erwarten ist.*

Ausführung: Die zur Umwandlung der Thonerde in Aluminiumsulfat erforderliche Menge konz. Schwefelsäure verdünne mit der doppelten Gewichtsmenge Wasser. Löse die Thonerde unter Erwärmen auf und filtriere die Lösung durch einen Heißwassertrichter.

Beim Erkalten erstarrt die Lösung zu einem aus perlmutterglänzenden Blättchen bestehenden Krystallbrei von Aluminiumsulfat $Al_2(SO_4)_3$, *18 aq.*

Nachdem das Aluminiumsulfat durch Erwärmen wieder in Lösung gebracht worden ist, vereinige dieselbe mit der erwärmten Lösung der erforderlichen Menge Kaliumsulfat in soviel Wasser, als der Aufgabe entspricht.

Eigenschaften: Farblose durchsichtige Oktaëder, in der Regel mit Würfelflächen; löslich in 8 T. Wasser von 15°.

[1] Bei der Darstellung von Präparat 5 als Nebenprodukt gewonnen.

8. Silbernitrat aus einer Münze.

(**Zwischenprodukt:** *Feinsilber;* **Nebenprodukt:** *Kupfer.*)

Hilfsstoffe: Salpetersäure, Salzsäure, Soda u. s. w.

Aufgabe: *Zerlege ein Markstück in: Silber, Kupfer (und Gold) und verwandle das Silber in Silbernitrat.*

Ausführung: Übergieße das Markstück[1] mit chlorfreier Salpetersäure, deren spez. Gew. nicht über 1,2 liegt und verwende dazu nur wenig mehr Salpetersäure, als der Formel:

1) $$3Ag + 4HNO_3 = 3AgNO_3 + 2H_2O + NO$$

entspricht. Einige kleine, schwarze Flöckchen (Gold) bleiben ungelöst. Bringe dieselben auf ein kleines Filterchen und fälle aus dem blauen Filtrat das Silber durch Salzsäure. Nach dem Abfiltrieren wasche das Chlorsilber so lange aus, bis das Waschwasser keine Kupferreaktion mehr giebt. Das trockene Chlorsilber verreibe im Mörser mit ungefähr der doppelten Menge calcinierter Soda, bringe das Gemisch in die Höhlung eines Stückes Holzkohle[2] *A* (Fig. 5) und erhitze es mit der Flamme eines Gasgebläses. Um die Hitze besser zusammen zu halten, lege ein zweites Stück Holzkohle *B*, das vorn etwas abgeschrägt ist, auf *A*, wie es Fig. 5 zeigt.

Fig. 5. Reduktion des Chlorsilbers.

[1] Nach den Deutschen Reichsmünzgesetzen vom 4. Dez. 1871 u. 9. Juli 1873 soll ein Markstück 5,55 g wiegen und 90,0 Proz. Silber und 10,0 Proz. Kupfer enthalten.

[2] Die weniger poröse, gepreßte Holzkohle, wie sie z. B. von Wallachs Nachf. in Hanau in den Handel gebracht wird, ist hierzu besonders geeignet.

2) $2AgCl + Na_2CO_3 = 2Ag + 2NaCl + CO_2 + O$.

Die einzelnen Silbertröpfchen fließen zusammen, das entstandene Chlornatrium und die überschüssige Soda werden von der Kohle aufgesaugt. Das geschmolzene Silber absorbiert Sauerstoff, der im Moment des Erstarrens entweicht (Spratzen des Silbers); die Oberseite des erstarrten Regulus erscheint daher rauh.

Ausbeute: *Aus 5,4 g Münze kann auf diese Weise leicht ein Feinsilberklumpen von 4,79 g (statt: 4,86 g) erhalten werden.*

Zur Darstellung des Silbernitrats ist das Feinsilber von neuem in Salpetersäure zu lösen. Die Lösung dampfe zunächst in einer Porzellanschale auf dem Wasserbade ein, dann führe den Rückstand in einen kleinen Porzellantiegel über und entferne die letzte Spur Feuchtigkeit im Trockenschrank. Hierauf bringe das Silbernitrat durch vorsichtiges Erhitzen mit der Flamme eines Bunsen-Brenners zum Schmelzen und gieße es unmittelbar, nachdem es geschmolzen ist, auf einen Porzellanscherben aus.

Zur Gewinnung des Kupfers dampfe das Filtrat vom Chlorsilberniederschlag auf dem Wasserbade zur Trockne, löse den Rückstand in wenig Wasser und scheide durch Zusatz von salzsaurem Hydroxylamin (oder einem andern Reduktionsmittel) und Natronlauge, das Kupfer als Oxydul ab:

3) $4CuO + 2NH_3O = 2Cu_2O + N_2O + 3H_2O$

Das gut ausgewaschene und getrocknete Kupferoxydul bringe in eine Kugelröhre von schwer schmelzbarem Glase, verbinde dieselbe mit einem Wasserstoffapparat (siehe Fig. 6) und erhitze, nachdem die Luft vollständig aus der Röhre verdrängt und der austretende Wasserstoff (mit der nötigen Vorsicht) entzündet ist, die Kugel mit einer Flamme.

Zum Nachweis des Goldes verasche das Filterchen mit dem beim Lösen der Münze in Salpetersäure zurückgebliebenen schwarzen Rückstand, übergieße die Asche mit etwas Königswasser und verdampfe die Lösung auf dem Wasserbade zur Trockne. Hierauf

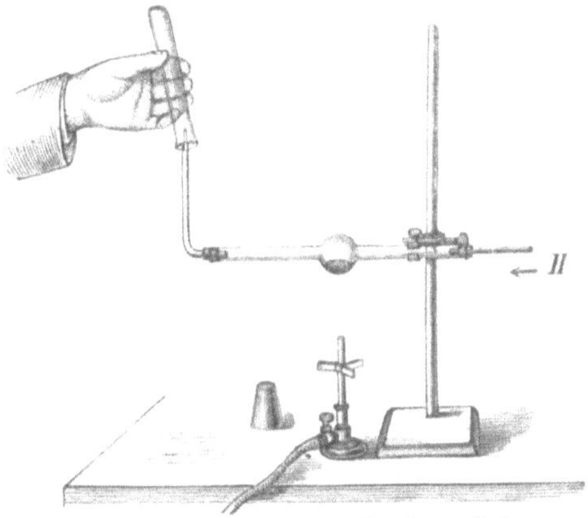

Fig. 6. Reduktion des Kupferoxyduls.

löse den Rückstand in wenigen Tropfen verdünnter Salzsäure, filtriere und versetze das Filtrat mit einer Spur Zinnchlorür- oder Eisenvitriollösung.

9. Flüssiges Schwefeldioxyd.

(Nebenprodukte: *Eisenvitriol, Kupfervitriol.*)

Roh- u. Hilfsstoffe: Konz. Schwefelsäure, Kupfervitriol, entfettete Eisenfeile;[1] Viehsalz, Eis, Schwefelkohlenstoff.

[1] Zur Entfettung überschichtet man die trockene Eisenfeile in einem Kölbchen mit Schwefelkohlenstoff, schüttelt nach dem Zukorken des Kölbchens kräftig um und gießt nach dem Absitzen des Eisens den Schwefelkohlenstoff ab. Nachdem diese Operation ein- bis zweimal wiederholt ist, bringt man das Eisen auf ein Filter, wäscht mit Schwefelkohlenstoff aus und läßt das

Aufgabe: *Es sollen 100 g schweflige Säure durch Einwirkung von konz. Schwefelsäure auf Kupfer, das durch metallisches Eisen aus einer Lösung von Kupfervitriol abgeschieden wurde, dargestellt und durch Abkühlung verdichtet werden.*

A. Abscheidung des Kupfers aus Kupfervitriol.

(**Nebenprodukt:** *Eisenvitriol.*)

Die Abscheidung des Kupfers erfolgt nach der Gleichung:

1) $$CuSO_4 + Fe = FeSO_4 + Cu.$$

Ausführung: Die Menge des darzustellenden Kupfers ergiebt sich aus der Aufgabe unter Berücksichtigung der Gleichung 2 (Seite 26). Die entsprechende Menge krystallisierten Kupfervitriols ($CuSO_4$, $5\,aq$) löse in einer Porzellanschale von ungefähr $1^1/_2$ l Inhalt in soviel Wasser (das zuvor zum Kochen erhitzt wurde), als der Löslichkeit des Kupfervitriols bei 80° entspricht. Von der entfetteten trockenen Eisenfeile wäge 10 Prozent mehr ab, als die Theorie verlangt, weil die Eisenfeile in der Regel nicht oxydfrei ist, sowie durch Beimengungen verunreinigt sein kann. Nachdem sich der Kupfervitriol vollständig gelöst hat, trage in die 70° bis 80° warme Lösung das Eisen portionsweise unter Umrühren vorsichtig ein. Der Inhalt der Schale erhitzt sich hierbei bis zum Sieden. Wenn die Reaktion nachgelassen hat, und die Flüssigkeit noch blau gefärbt ist, bringe einen breiten Streifen blankes Eisenblech in die Schale und rühre mit demselben so lange um, bis sich die Klinge eines in die Lösung getauchten Taschenmessers nicht mehr mit Kupfer überzieht. Nun filtriere mit Hilfe eines Heißwassertrichters in eine

Eisen an der Luft trocknen. Der Schwefelkohlenstoff ist aus den vereinigten Lösungen durch Abdestillieren auf dem Wasserbade wieder zu gewinnen. (Vergl. Fig. 15.)

Porzellanschale die noch heiße Lösung von dem, zum größten Teil auf dem Boden der Schale liegenden Kupfer ab und dekantiere mit etwa 100 ccm kochendem Wasser. Wenn nichts mehr von dem Trichter abtropft, nimmt man das Filter von dem Trichter und spritzt das darauf befindliche Kupfer mit der Spritzflasche zu dem in der Schale verbliebenen Kupfer und reinigt in gleicher Weise das Eisenblech. — Dauer der Operation: 1 bis $1^1/_2$ Stunde.

Um dem Kupfer das noch beigemengte Eisen zu entziehen, behandele es mit verdünnter Schwefelsäure auf dem Wasserbade. Zum Abfiltrieren und Auswaschen des Kupfers bedient man sich zweckmäßig eines Sandfilters, das man sich leicht herstellen kann, indem man eine gestielte Glaskugel[1] in einen Trichter legt und über dieselbe etwa 2 cm hoch Seesand schichtet (Fig. 7). Solange die Flüssigkeit deutlich grün gefärbt abläuft, fange sie gesondert auf und setze dann das Auswaschen fort, bis das Waschwasser nicht mehr sauer reagiert.

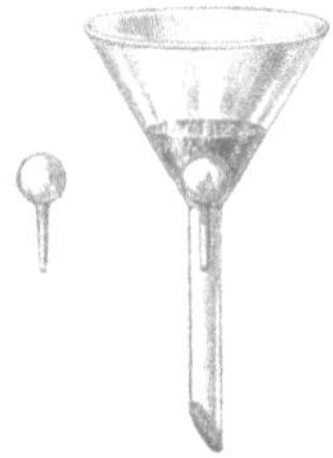

Fig. 7. Sandfilter.

Das Kupfer breite auf Fließpapier aus und lasse es an der Luft trocknen; nach dem Trocknen erscheint es als ein rotbraunes Pulver, welches beim Zusammendrücken in einem Achatmörser Metallglanz annimmt.

Ausbeute: *an Kupfer der Theorie entsprechend.*

Nebenprodukt: *Eisenvitriol* $FeSO_4$, *7 aq*.

Aus der vom Kupfer durch den Heißwassertrichter abfiltrierten Lösung krystallisieren beim Erkalten un-

[1] Wie man sie erhält, wenn man eine Glasröhre an dem einen Ende zur Kugel aufbläst und hierauf an dem anderen Ende abschmilzt.

gefähr 200 g Eisenvitriol aus. Man gießt die Mutterlauge ab und läßt die Krystalle auf einem Trichter abtropfen. Mutterlauge und das grüngefärbte Waschwasser werden vereinigt und auf dem Wasserbade eingeengt; man erhält hierbei noch ungefähr 200 g Krystalle.

Ausbeute: *90 bis 95 Proz. der Theorie.*

B. Darstellung und Verdichtung des Schwefeldioxyds.

(**Nebenprodukt**: *Kupfervitriol.*)

Konzentrierte Schwefelsäure wirkt auf Kupfer in der Hitze vorwiegend nach folgender Gleichung ein:

2) $$2H_2SO_4 + Cu = SO_2 + CuSO_4 + 2H_2O.$$

Der Siedepunkt des Schwefeldioxyds liegt unter gewöhnlichem Druck bei —8°. Durch Abkühlung unter diese Temperatur verdichtet sich das Schwefeldioxyd zu einer farblosen Flüssigkeit. Durch Zusammenmischen von Kochsalz und Eis oder Schnee läßt sich leicht eine Temperaturerniedrigung bis — 21° C. erzielen.

Sollen Gase verdichtet werden, so müssen sie rein und trocken sein. Man trocknet in der Regel mit konz. Schwefelsäure, sofern die Gase einen sauren Charakter haben und nicht reduzierend auf dieselbe einwirken. — Bei sehr lebhafter Entwickelung des Schwefeldioxyds kann es sich ereignen, daß etwas Schwefelsäure mechanisch mit fortgerissen wird; um dieselbe zurückzuhalten leitet man den Gasstrom über Kaliumsulfat:

$$K_2SO_4 + H_2SO_4 = 2KHSO_4.$$

Apparat: Siehe Fig. 8. Der Entwickelungskolben *A* und die Waschflasche *B* sind in derselben Art und Weise wie bei Präparat 1 (Fig. 1) anzuordnen. Aus der Waschflasche gelangen die Gase zunächst in die mit Krystallen von Kaliumsulfat gefüllte Röhre *g* und von hier in die U-förmig gebogene Röhre *C*, welche dazu bestimmt ist, das verflüssigte Schwefeldioxyd aufzunehmen. Die U-Röhre steht in dem zur Aufnahme der Kältemischung bestimmten irdenen Topfe *D* und ist mit der Kugelröhre *h* verbunden, welche das nicht verdichtete Dioxyd in ein

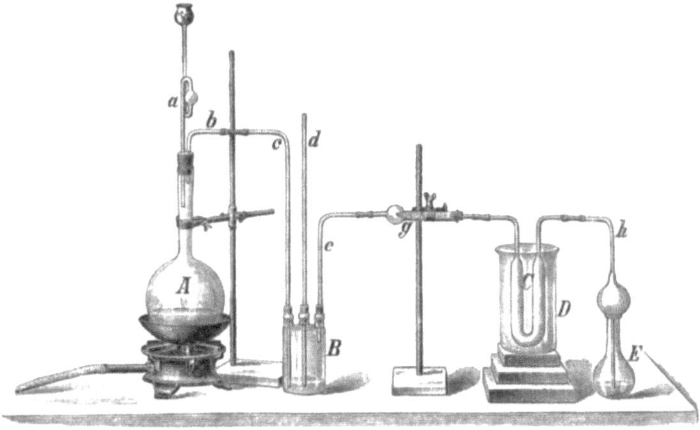

Fig. 8. Darstellung von flüssigem Schwefeldioxyd.

teilweise mit Wasser gefülltes Stehkölbchen leitet, wo es vom Wasser absorbiert wird.

Die Röhre *g* hat die übliche Form und Größe der Chlorcalciumröhren. Zum Füllen derselben kann das bei Präparat 5 als Nebenprodukt gewonnene Kaliumsulfat nach dem Sieben dienen. (Vergl. Seite 12).

Die Schenkel der U-Röhre *C* sind ungefähr 25 cm lang und 15 bis 18 mm weit; beide Enden derselben sind ausgezogen und rechtwinklig umgebogen.

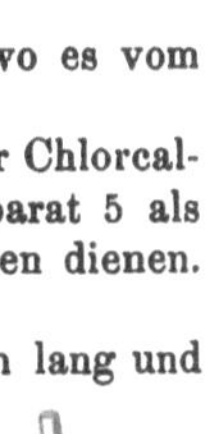

Fig. 9.

Die Kugelröhre *h* ruht auf dem Halse des Kölbchens *E*. Die Länge des unterhalb der Kugel befindlichen Rohrstückes ist so zu bemessen, daß dasselbe, nachdem in das Kölbchen 100 bis 150 ccm Wasser gebracht sind, gerade eintaucht.

Fig. 9 zeigt, in einem Glascylinder stehend, die zur Aufnahme des verflüssigten Schwefeldioxyds vorbereitete Einschlußröhre. Dieselbe wird aus einer etwa 40 cm langen, dickwandigen Glasröhre hergestellt, indem man das eine Ende zuschmilzt und dann unweit des anderen Endes die Röhre zu einer dickwandigen Kapillare auszieht.

Ausführung: Ist der Apparat auf den luftdichten Verschluß seiner einzelnen Teile geprüft, dann bringe in den Entwickelungskolben das Kupfer, in die Waschflasche so viel konz. Schwefelsäure, daß das Zuleitungsrohr etwa 2 cm eintaucht und in den irdenen Topf um die **U**-Röhre herum schichtenweise zerstoßenes Eis (3 Tl.) und Viehsalz (1 Tl.).[1] Hierauf gieße auf das Kupfer 700 g Schwefelsäure,[2] schwenke den Kolben um und zünde die Flamme unter dem Sandbade an. Sobald sich in dem Entwickelungskolben durch Aufsteigen von Gasblasen die Einwirkung der Schwefelsäure auf das Kupfer zu erkennen giebt, lösche die Flamme aus. Die Reaktionswärme veranlaßt in der Regel von selbst eine lebhafte Gasentwickelung. Die durch den Gasstrom verdrängte Luft entweicht durch die Kugelröhre. Das mitgerissene Schwefeldioxyd wird von dem Wasser des Kölbchens absorbiert; nach einiger Zeit hört das Austreten von Luftblasen auf.

Erst wenn die Geschwindigkeit, mit welcher die Gasblasen die Waschflasche passieren, nachgelassen hat, zünde die Flamme unter dem Sandbade wieder an und reguliere sie so, daß ohne zu starkes Schäumen des Kolbeninhaltes eine lebhafte Gasentwickelung unterhalten bleibt. In dem Maße, in welchem sich das verflüssigte Dioxyd in der **U**-Röhre ansammelt, steigt im Apparate der Druck. Man thut gut, etwas Quecksilber (ungefähr 20 g) bereit zu halten, um dasselbe, wenn die Höhe des Sicherheits-

---

[1] Die Menge richtet sich nach der Größe des Topfes; auf 1 l Inhalt sind 700 g Eis und 230 g Salz erforderlich. Hat der Topf eine Größe von 3 bis 4 l, so reicht eine einmalige Beschickung desselben mit Kältemischung für die Dauer der Operation aus.

[2] Es ist dies etwas mehr als das Doppelte der theoretisch erforderlichen Menge. Warum ist ein Überschuß von Schwefelsäure nötig?

trichters nicht mehr genügen sollte, dem gesteigerten Druck das Gleichgewicht zu halten, in den Trichter zu gießen.

Gegen Ende der Operation bedeckt sich der obere Teil des Kolbens mit einem gelblichen Hauch von Schwefel,[1] der allmählich zunimmt; auch in die Waschflasche gelangt etwas Schwefel, jedoch in der Regel, ohne daß eine Verstopfung der Verbindungsröhren eintritt. Man unterbricht die Operation, wenn die Verbindungsröhren und der Inhalt der Waschflasche heiß werden. — Dauer der Operation: $2^1/_2$ bis 3 Stunden.

Die zur Aufbewahrung des Schwefeldioxyds bestimmte tarierte Röhre umgieb in einem hohen Glascylinder mit Kältemischung. Dann fülle (unter einem Abzug) das Produkt aus der **U**-Röhre vorsichtig über und schmelze nun die Einschlußröhre an der ausgezogenen Stelle vor dem Gebläse oder mit dem Lötrohr zu.

Die Ausbeute *beträgt in der Regel nicht über 50 Proz.; sie wird beeinträchtigt durch die anfangs unvollständige Verdichtung, durch Nebenreaktionen und endlich durch nicht unbeträchtliche Verluste beim Überfüllen.*

Eigenschaften: Farblose Flüssigkeit, die bei —8° (Pierre) siedet und bei —76° (Faraday) erstarrt; ihre Spannkraft in geschlossenen Gefäßen beträgt 1,7 Atm. bei 0°, 2,3 Atm. bei 10°, 3,3 Atm. bei 20° u. s. w.

Nebenprodukt: *Kupfervitriol* $CuSO_4, 5aq.$

Zu dem Inhalt des Entwickelungskolbens füge (vorsichtig!) ungefähr 750 ccm Wasser,[2] koche das Gemisch

---

[1] Es tritt etwas Schwefelwasserstoff auf, der sich mit dem Schwefeldioxyd zu Schwefel umsetzt:

$$2H_2S + SO_2 = 3S + 2H_2O.$$

[2] Es ist dies erheblich mehr als der Löslichkeit des Kupfervitriols in heißem Wasser entspricht; die Löslichkeit wird durch die Gegenwart überschüssiger Schwefelsäure wesentlich beeinträchtigt.

auf und filtriere die blaue Lösung von dem unlöslich gebliebenen schwarzen Körper in eine Porzellanschale ab. Beim Erkalten krystallisiert der größte Teil des Kupfervitriols (ungefähr 300 g) aus. Den auf dem Filter verbliebenen Rückstand wasche mit Wasser aus, bis das Waschwasser nicht mehr sauer reagiert. Solange das Filtrat blaugefärbt abläuft, fange es gesondert auf, vereinige es mit der Mutterlauge von dem auskrystallisierten Kupfervitriol und dampfe auf dem Wasserbade zur Krystallisation ein; hierbei werden noch 50 bis 60 g Krystalle erhalten.

Ausbeute: *Nahezu 90 Proz. des ursprünglich verwendeten Kupfervitriols.*

Von dem schwarzen Körper entstehen bis 10 g; seine Zusammensetzung ist durch qualitative Analyse festzustellen und seine Entstehung zu erklären.

Eigenschaften: Blaue, trikline Krystalle. Das Produkt ist oft eisenhaltig.

10. Eisenammoniakalaun.

$FeNH_4(SO_4)_2, 12 aq.$

Roh- u. Hilfsstoffe: Eisenvitriol, Ammoniak, konz. Schwefelsäure, Salpetersäure.

Die Bildung des Eisenammoniakalauns erfolgt nach der Gleichung:

$$6 FeSO_4, 7 aq. + 6 H_2SO_4 + 6 NH_3 + 2 HNO_3 + 26 H_2O = 6[FeNH_4(SO_4)_2, 12 aq.] + 2 NO.$$

Aufgabe: *Es sollen 500 g Eisenammoniakalaun hergestellt werden und zwar derart, daß nach Beendigung der Reaktion, ohne weiteres Eindampfen der Lösung beim Erkalten, das Auskrystallisieren von $^2/_3$ des Produktes zu erwarten ist.*

Ausführung: Verwende den bei Präparat 9 als

Nebenprodukt erhaltenen Eisenvitriol, Salpetersäure vom spez. Gew. 1,30 bis 1,40, Ammoniak vom spez. Gew. 0,90 bis 0,95 und konz. Schwefelsäure. Berechne zunächst die erforderlichen Mengen der einzelnen Materialien und das in denselben enthaltene Wasser; unter Berücksichtigung der Löslichkeit des Alauns ergiebt sich dann die gemäß der Aufgabe noch disponible Wassermenge.

In einen Rundkolben von ungefähr 2 l Inhalt gieb den Eisenvitriol, die disponible Wassermenge und dann (vorsichtig!) die konz. Schwefelsäure. Hierauf stelle den Kolben unter einen gutziehenden Abzug auf ein Wasserbad, hänge in den Hals einen Trichter und füge in kleinen Portionen die Salpetersäure hinzu. Schon nach Zusatz der ersten Tropfen färbt sich die Flüssigkeit braunschwarz, darüber erfüllen bald braunrote Dämpfe den Kolben. Bei Zugabe der letzten Anteile der Salpetersäure erfolgt lebhafte Gasentwickelung (Vorsicht!). Nun erhitze über einem Drahtnetz zum Sieden, entferne den Trichter aus dem Kolbenhals und koche, bis keine gefärbten Gase mehr entweichen und den Kolben erfüllen.

Nimm mit einem Kapillarfaden eine Probe und prüfe dieselbe nach dem Verdünnen mit einigen Tropfen Wasser auf Eisenoxydul. Ist die Oxydation vollendet, so gieße den Inhalt des Kolbens in eine Porzellanschale und setzte unter Umrühren das Ammoniak hinzu. Hierbei darf sich kein bleibender Niederschlag bilden, die klare Lösung soll eine grünlich braune Färbung haben. — Dauer der Operation: 1 bis $1^1/_2$ Stunde.

Ausbeute: *In der Regel erhält man beim Erkalten der Lösung 200 bis 250 g Eisenammoniakalaun in schönen Krystallen; durch Einengen der Mutterlauge lassen sich leicht noch weitere 100 g Krystalle erhalten.*

Eigenschaften: Blassviolette, durchsichtige Oktaëder, löslich in 3 Teilen Wasser von 15° C.

11. Kaliumnitrit.

(**Nebenprodukt:** *Bleioxyd.*)

Roh- u. Hilfsstoffe: Salpeter, Blei.

In feurig flüssigem Zustande wirken Salpeter und Blei nach folgender Gleichung aufeinander ein:

$$KNO_3 + Pb = KNO_2 + PbO.$$

Die Reaktion geht bei einer Temperatur vor sich, die etwas höher liegt, als der Schmelzpunkt des Bleis (334° C.) und der Schmelzpunkt des Salpeters (340° C.). Derartig hohe Temperaturen lassen sich ohne besondere Vorkehrungen, zumal wenn sie durch die Reaktionswärme beeinflußt werden, nicht innerhalb weniger Grade regulieren. Wird Salpeter, nachdem er geschmolzen ist, für sich weiter erhitzt, so zerfällt er zum Teil in Sauerstoff und Kaliumnitrit, welches bei gesteigerter Hitze allmählich in Sauerstoff, Stickstoff und Ätzkali gespalten wird. Beide Nebenreaktionen lassen sich bei der Darstellung von Kaliumnitrit nicht ganz vermeiden. Außerdem entzieht sich leicht ein Teil des Salpeters der Einwirkung des Bleis. Aus diesen Gründen ist es vorteilhafter, etwas weniger Blei anzuwenden, als der Formel entspricht.

Aufgabe: *250 g Salpeter sollen in der angegebenen Weise zu Kaliumnitrit verarbeitet werden.*[1]

Apparat: Zur Erzielung der erforderlichen Temperatur ist ein größerer Gasofen nach Rössler, Müncke, Perrot, o. a., oder eine Vorrichtung für Holzkohlenfeuerung erforderlich.[2] Das

[1] Für 250 g Salpeter sind 400 g Blei ausreichend.

[2] Es genügt z. B. ein tragbares Öfchen aus starkem Eisenblech, innen mit Chamottesteinen ausgekleidet, von 0,4 m Höhe und einem quadratischen Querschnitt von 0,3 m², wie ihn Fig. 10 zeigt.

Erhitzen des Salpeters und Bleis geschieht am besten in einer runden, flachen, eisernen Pfanne mit langem Stiel (von etwa 30 cm Durchmesser). Zum Umrühren der Schmelze ist ein langer eiserner Spatel mit Holzgriff erforderlich.

Fig. 10. Tragbarer Ofen für Holzkohlenfeuer.

Ausführung: Nachdem der Salpeter in der flachen, eisernen Pfanne über dem Gasofen oder dem Kohlenfeuer zum Schmelzen gebracht worden ist, gieb 50 bis 60 g Blei zu demselben und rühre über dem Feuer mit einem eisernen Spatel beides durcheinander, bis das Blei oxydiert ist. Die Hitze ist hierbei so zu regulieren, daß nur eine geringe Gasentwickelung, die nicht ganz zu vermeiden ist, eintritt. Den Rest des Bleis trage unter beständigem Umrühren in Portionen von ungefähr 50 g in die Schmelze ein, den erneuten Zusatz immer erst bewirkend, wenn keine größeren Bleitropfen mehr sichtbar sind. Die Schmelze wird dickflüssiger in dem Maße, in dem sich das Bleioxyd vermehrt. Gegen Ende der Operation steigere die Hitze, jedoch nicht so weit, daß der Boden der Pfanne rotglühend wird. Innerhalb der breiigen Masse beobachtet man oft ein Erglühen. Wenn alles Blei (400 g) eingetragen und völlig oxydiert ist, nimm die Pfanne vom Feuer und fahre mit dem Rühren fort, bis die Schmelze zu einer klumpigen Masse, die sich leicht aus der Pfanne entfernen läßt, erstarrt ist. — Dauer der Operation: etwa $1^1/_2$ Stunden.

Nach dem Erkalten bringe die Schmelze in ein starkwandiges Standglas und übergieße sie mit etwa 250 g Wasser, das zuvor zur Reinigung der Pfanne gedient hatte. Wenn die Klumpen zerfallen sind, gieße die Lösung von dem schweren Bodensatz in ein Becherglas ab, rühre den Bodensatz im Standglase mit ungefähr 100 ccm warmem Wasser auf, dekantiere und wiederhole diese Operation mit je 100 ccm Wasser noch 10 bis 12 mal. Dann bringe das vom unveränderten Blei abgeschlämmte Bleioxyd auf ein Filter und wasche es aus.

Die durch Vereinigung der Auszüge erhaltene Lösung beträgt etwa 1,5 l und reagiert alkalisch. Nach tropfenweisem Neutralisieren mit verdünnter Schwefelsäure filtriere und dampfe die klare Lösung auf dem Wasserbade ein, bis ihr Gewicht ungefähr 300 g beträgt. Beim Erkalten krystallisiert der größte Teil des unveränderten Salpeters (50 bis 70 g) aus, während das Kaliumnitrit in Lösung bleibt. Die von den Krystallen getrennte Lösung wird in einer dünnwandigen Porzellanschale zunächst über einem Sandbade unter beständigem Umrühren zur Trockne gedampft,[1] hierauf über freiem Feuer geschmolzen und in eine Stangenform oder auf einen Porzellanteller gegossen. Das Produkt ist unmittelbar nach dem Erkalten in einer Büchse mit gutschließendem Stopfen zu verwahren.

Ausbeute *1. an Kaliumnitrit: 95 bis 97 Proz. der dem verbrauchten Salpeter entsprechenden theoretischen Ausbeute; 2. an Bleioxyd: der Theorie nahezu entsprechend.*

Prüfung des Kaliumnitrits: Das Produkt enthält stets noch etwas Salpeter[2]; es soll bleifrei sein. Die Bestimmung des Gehaltes an Kaliumnitrit erfolgt durch Titrieren mit Kaliumpermanganat in hinreichend verdünnter Lösung:

$$10KNO_2 + 4KMnO_4 + 11H_2SO_4$$
$$= 10HNO_3 + 7K_2SO_4 + 4MnSO_4 + 6H_2O.$$

[1] Hierbei sind die Augen zu schützen, da ein vorübergehendes Spritzen der Masse stattfindet.

[2] Auf Salpetersäure ist nach Zerstörung der salpetrigen Säure durch Harnstoff (siehe S. 56) zu prüfen.

12. Phosphorsäure.

(*Orthophosphorsäure*, H_3PO_4.)

Roh- u. Hilfsstoffe: Roter (amorpher) Phosphor, Salpetersäure vom spez. Gew. 1,21 bis 1,24. (Alkohol und Äther.)

Phosphor, sowohl gelber, wie roter, wird durch hinreichende Einwirkung von Salpetersäure zu Phosphorsäure oxydiert. Wenn die Salpetersäure stärker ist, als dem spez. Gew. 1,24 entspricht, geht die Reaktion oft sehr stürmisch vor sich. Gelber Phosphor wird hierbei leicht aus der Flüssigkeit herausgeschleudert und entzündet sich dann.

Ist die Salpetersäure schwächer, so vollzieht sich die Oxydation nur sehr langsam. Der rote Phosphor läßt sich, da er nicht schmilzt, der Salpetersäure eine größere Angriffsfläche bietet und sich bei der Siedetemperatur der Salpetersäure nicht entzündet, rascher und gefahrlos in Phosphorsäure überführen. Der Vorgang kommt annähernd in der Gleichung:

1) $$3P + 5HNO_3 + 2H_2O = 3H_3PO_4 + 5NO$$

zum Ausdruck.

Aufgabe: *Es sollen 31 g roter Phosphor in Phosphorsäure verwandelt werden.*

Der rote Phosphor ist zunächst mit Wasser zu waschen.[1] Rühre zu diesem Zweck 60 g Phosphor[2] in einem Becherglase mit Wasser an. Nach dem Absitzen des Phosphors dekantiere durch ein Filter und wiederhole diese Operation so oft, bis das Wasser nur noch schwach sauer reagiert und bringe dann den Phosphor auf das Filter. Nach vollständigem Auswaschen mit Wasser ver-

[1] Der käufliche rote Phosphor enthält: Phosphorsäure, phosphorige Säure, Arsen, Zinn, Eisen u. a. m.

[2] 60 g, um zugleich die für Präparat 23 erforderliche Menge gereinigten Phosphor zu erhalten.

dränge, um ein schnelleres Trocknen des Phosphors zu bewirken, das demselben noch anhaftende Wasser durch einmaliges Übergießen mit Alkohol und diesen in gleicher Weise wieder durch Äther und breite hierauf das Filter mit dem Phosphor auf Fließpapier zum Trocknen aus.

Ausführung: Bringe die nach Gleichung 1 erforderliche Menge[1] Salpetersäure vom spez. Gew. 1,21 bis 1,24 in einen langhalsigen Rundkolben von ungefähr 2 l Inhalt, füge zunächst 10 g Phosphor hinzu und stelle den Kolben unter dem Abzug auf einen Strohkranz. Tritt innerhalb 10 Minuten keine merkbare Erwärmung des Gemisches von selbst ein, so erwärme den Kolben auf einem zuvor bereit gestellten und angeheizten Wasserbade, jedoch nur wenige Minuten, so lange, bis die Gasentwickelung beginnt und im Kolben gefärbte Gase sichtbar werden. Nimm jetzt den Kolben sogleich vom Wasserbade, stelle ihn auf den Strohkranz zurück und hänge einen größeren Trichter in den Hals des Kolbens. Die Reaktion wird sehr bald lebhafter, unter Aufschäumen gerät die Flüssigkeit ins Sieden und braune Dämpfe entweichen aus dem Kolben, von denen ein Teil sich am Trichter verdichtet, so daß die Tropfen in den Kolben zurückfallen. Wenn die Gasentwickelung aufgehört hat und die rotbraune Farbe der den Kolben erfüllenden Dämpfe in eine gelbbraune übergegangen ist, schütte nach Entfernung des Trichters 5 g Phosphor in den Kolben nach. Die Reaktion beginnt von neuem und verläuft in der beschriebenen Weise. Der Rest des Phosphors wird in Portionen von ungefähr 5 g zugesetzt, wobei mit dem erneuten Zusatz so lange zu warten ist, bis die Reaktion nachgelassen hat. — Dauer der Operation: $1^1/_2$ bis 2 Stunden.

Nach dem Erkalten fülle den Inhalt des Kolbens,

---

[1] Thatsächlich wird weniger Salpetersäure verbraucht, da bei der Reaktion neben *NO* auch *N* gebildet und Salpetersäure (in welcher Weise?) regeneriert wird.

der aus Phosphorsäure, phosphoriger Säure und überschüssiger Salpetersäure besteht und in der Regel durch ausgeschiedenes, braunschwarzes Arsen getrübt wird, in eine Retorte (von ungefähr $^3/_4$ l Inhalt) und destilliere über einem Sandbade den größten Teil der überschüssigen Salpetersäure ab (s. Fig. 3). Gegen Ende der Destillation tritt nochmals eine lebhafte Reaktion ein, welche durch die Oxydation der phosphorigen Säure veranlaßt wird. Während derselben treten dunkelbraun gefärbte Dämpfe auf, die zum Teil aus dem Halse der Vorlage entweichen. Die Reaktion hört plötzlich auf, worauf die Destillation unterbrochen wird.[1]

Den in der Retorte verbliebenen Rückstand bringe in einen Stehkolben und verdünne ihn mit Wasser auf ungefähr 1 l. Hierauf leite, um das Arsen zu entfernen, 2 bis 3 Stunden lang Schwefelwasserstoff in die erwärmte Lösung und lasse sie dann über Nacht stehen. Riecht der Inhalt des Kolbens am folgenden Morgen noch kräftig nach Schwefelwasserstoff, so filtriere den gelben, flockigen Niederschlag[2] ab, andernfalls leite von neuem Schwefelwasserstoff ein, bis alles Arsen gefällt ist.

Das klare Filtrat ist in einer Porzellanschale zunächst auf dem Wasserbade einzuengen, bis das Volum nicht mehr abnimmt, dann in eine kleinere, dünnwandige Schale überzufüllen und anfangs über dem Sandbade, dann über dem Drahtnetze zu erhitzen, bis ein in die Flüssigkeit getauchtes Thermometer 180° zeigt. Vor dem Erhitzen auf dem Sandbade nimm eine Probe aus der Schale und prüfe dieselbe auf phosphorige Säure. Wird Silbernitrat beim Kochen der durch Wasser ver-

---

[1] Das Destillat besteht in der Regel aus 150 bis 180 g mit 10 bis 12 Proz. HNO_3.

[2] Die qualitative Untersuchung des oft mehr als 1 g betragenden Rückstandes ergiebt, ob dieselbe nur aus As_2S_3 besteht oder zugleich SnS_2 enthält.

dünnten Probe reduziert, so füge zu dem Schaleninhalt noch 10 bis 20 g Salpetersäure vom spez. Gew. 1,21. Das fertige Produkt ist sogleich in einer Flasche mit Glasstopfen zu verwahren.

Ausbeute: *90 bis 95 g Phosphorsäure statt ? g.*

Eigenschaften u. Prüfung: Farblose, sirupdicke Masse, die nach Einwerfen eines Phosphorsäurekrystalls augenblicklich unter Wärmeentwickelung erstarrt. Geht, über 180° erhitzt, allmählich unter Wasserverlust in Pyrophosphorsäure über. Beim Mischen mit Wasser findet nur geringe Erwärmung statt. In der wässrigen Lösung erzeugt Magnesiamixtur einen weißen, krystallinischen Niederschlag; Ammoniummolybdat einen gelben Niederschlag, unlöslich in Salpetersäure, löslich in Ammoniak; Silbernitrat und ein wenig Ammoniak einen citronengelben Niederschlag (Unterschied von Pyrophosphorsäure); koaguliert Eiweißlösung nicht (Unterschied von Metaphosphorsäure). Das Produkt soll frei von phosphoriger Säure und Arsenverbindungen sein.

---

13. A. Binatriumphosphat, B. Natriumammoniumphosphat, C. Pyrophosphorsäure und D. Metaphosphorsäure.

Roh- u. Hilfsstoffe: Orthophosphorsäure, krystallisierte Soda, Salmiak, Bleizucker, Schwefelwasserstoff. (Alkohol.)

A. Binatriumphosphat,

$Na_2HPO_4, 12aq.$

Aufgabe: *Verwandle 75 g der als Präparat 12 erhaltenen Phosphorsäure nach der Gleichung:*

1) $H_3PO_4 + Na_2CO_3, 10aq. + H_2O = Na_2HPO_4, 12aq. + CO_2$

in Binatriumphosphatkrystalle, in der Weise, daß nach dem

Erkalten des Reaktionsgemisches die Ausscheidung von $^2/_3$ des Produktes zu erwarten ist.

Ausführung: Verdünne die Phosphorsäure unter Berücksichtigung des Krystallwassergehaltes der zu verwendenden Soda mit der disponibeln Wassermenge. Erwärme die Phosphorsäurelösung und trage allmählich die berechnete Menge krystallisierte Soda ein. Die Lösung soll nur schwach alkalisch reagieren.[1] Lasse die Lösung über Nacht stehen, bringe die Krystalle auf einen Trichter und trockne dieselben nach dem Ablaufen der Mutterlauge durch Drücken zwischen Fließpapier.

Ausbeute: *Ungefähr 130 g Binatriumphosphat.*

Eigenschaften: Monokline Säulen, die an der Luft rasch verwittern; die wässrige Lösung reagiert alkalisch. Beim Erhitzen hinterbleibt pyrophosphorsaures Natrium.[2]

B. Natriumammoniumphosphat,

$NaNH_4HPO_4$, 4*aq*.

Aufgabe: *Verwandle 150 g Binatriumphosphat nach der Gleichung:*

2) $$Na_2HPO_4 + NH_4Cl = NaNH_4HPO_4 + NaCl$$

in Natriumammoniumphosphat.

Ausführung: Löse das Binatriumphosphat, sowie die äquivalente Menge Salmiak in möglichst wenig heißem Wasser und vereinige die Lösungen. Das beim Erkalten auskrystallisierende Produkt ist chlornatriumhaltig und durch Umkrystallisieren zu reinigen.

Eigenschaften: Das Natriumammoniumphosphat, auch Phosphorsalz genannt, krystallisiert in monoklinen Säulen, die an der Luft allmählich verwittern und Ammoniak verlieren. Beim Erhitzen hinterbleibt metaphosphorsaures Natrium.

---

[1] D. h. eine Probe soll auf Zusatz von nur wenigen Tropfen Salzsäure sauer werden.

[2] Die Löslichkeitsverhältnisse siehe Seite 76 und 77.

C. Pyrophosphorsäure,

$H_4P_2O_7$.

Aufgabe: *Es soll eine 10 prozentige wässrige Lösung von Pyrophosphorsäure dargestellt werden.*

Ausführung: Erhitze in einer Porzellanschale über dem Drahtnetze 20 bis 30 g Binatriumphosphat unter Umrühren bis das Salz wieder fest geworden ist. Fülle damit einen Platintiegel etwa zur Hälfte und bringe ihn zunächst über dem Bunsen-Brenner, dann über dem Gebläse, wobei darauf zu achten ist, daß nur die Spitze, nicht der reduzierend wirkende Teil, der Flamme den Tiegel berühre,[1] zum Glühen so lange bis keine Gasblasen mehr aus der geschmolzenen Masse aufsteigen.

3) $$2Na_2HPO_4 = Na_4P_2O_7 + H_2O.$$

Nach dem Erkalten löse den Inhalt des Tiegels in der zehnfachen Menge heißen Wassers und füge eine konzentrierte wässrige Lösung von Bleizucker[2] hinzu, entsprechend der Formel:

4) $$Na_4P_2O_7 + 2Pb(C_2H_3O_2)_2 = Pb_2P_2O_7 + 4NaC_2H_3O_2.$$

Das ausgeschiedene Bleisalz filtriere ab, wasche zunächst mit Wasser, dann mit Alkohol,[3] bis im Filtrat kein Blei mehr nachweisbar ist. Nach dem Trocknen zerreibe das Bleipyrophosphat, übergieße es mit soviel Wasser, daß eine 10 prozentige Lösung von Pyrophosphorsäure zu erwarten ist und leite in das Gemisch Schwefelwasserstoff, bis das weiße Bleisalz vollständig in schwarzes Schwefelblei verwandelt ist:

5) $$Pb_2P_2O_7 + 2H_2S = 2PbS + H_4P_2O_7.$$

---

[1] Andernfalls wird das Platin leicht brüchig.

[2] 1 Teil Wasser von 40° löst 1 Teil $Pb(C_2H_3O_2)_2$, $3aq$.

[3] Bleiacetat und Natriumacetat sind in Alkohol löslich, Bleipyrophosphat ist in Alkohol unlöslich.

Die abfiltrierte Lösung der Pyrophosphorsäure stelle unter einen Exsikkator mit Ätzkalk, bis der Geruch nach Schwefelwasserstoff vollständig verschwunden ist.

Eigenschaften: Die Lösung läßt sich durch Eindampfen nicht konzentrieren, da hierbei die Pyrophosphorsäure in Orthophosphorsäure übergeht. Silbernitrat erzeugt eine weiße pulverige Fällung (Unterschied von Orthophosphorsäure); Eiweißlösung wird nicht koaguliert (Unterschied von Metaphosphorsäure).

D. Metaphosphorsäure,

HPO_3.

Aufgabe: *Es soll eine 10prozentige wässrige Lösung von Metaphosphorsäure dargestellt werden.*

Das Präparat ist aus Phosphorsalz in derselben Weise wie die Pyrophosphorsäure aus Binatriumphosphat herzustellen, entsprechend den Gleichungen:

6) $NaNH_4HPO_4 = NaPO_3 + NH_3 + H_2O,$

7) $2NaPO_3 + Pb(C_2H_3O_2)_2 = Pb(PO_3)_2 + 2NaC_2H_3O_2,$

8) $Pb(PO_3)_2 + H_2S = PbS + 2HPO_3.$

Eigenschaften: Die Lösung läßt sich durch Eindampfen nicht konzentrieren, da hierbei die Metaphosphorsäure allmählich in Pyrophosphorsäure übergeht. Silbernitrat erzeugt eine weiße gallertartige Fällung. Die wässrige Lösung der Metaphosphorsäure koaguliert Eiweißlösung. (Unterschied von Ortho- und Pyrophosphorsäure.)

14. Bleisuperoxyd.

(**Zwischenprodukt:** *Bleiacetat.*)

Roh- u. Hilfsstoffe: Bleioxyd, Eisessig, Soda, Kochsalz, Braunstein, konz. Schwefelsäure, verd. Salpetersäure.

Essigsäure verwandelt Bleioxyd in Bleiacetat nach der Gleichung:

1) $$PbO + 2C_2H_4O_2 = Pb(C_2H_3O_2)_2 + H_2O.$$

Wird die Lösung von Bleiacetat mit Soda versetzt und Chlor in die Mischung eingeleitet, so entsteht Bleisuperoxyd:

2) $$Pb(C_2H_3O_2)_2 + Na_2CO_3 + 2Cl + H_2O = PbO_2 + 2NaCl + 2C_2H_4O_2 + CO_2.$$

Aufgabe: *100 g Bleioxyd verwandle in Bleiacetat und stelle aus 100 g des erhaltenen Produktes Bleisuperoxyd her.*

Ausführung: a) Darstellung des Bleiacetats. Verwende 100 g des bei Präparat 11 als Nebenprodukt gewonnenen Bleioxyds.[1] Übergieße dasselbe in einer Porzellanschale mit der nach Gleichung 1 erforderlichen Menge 33prozentiger Essigsäure[2] und erwärme zum Sieden. Sobald sich das Bleioxyd gelöst hat, filtriere durch einen Heißwassertrichter. Beim Erkalten erstarrt die Lösung zu einem Krystallbrei kleiner Nadeln. Nach dem Absaugen der braungefärbten (wodurch?) Mutterlauge und Trocknen hat das Produkt (Bleizucker) die Zusammensetzung $Pb(C_2H_3O_2)_2$, $3aq$.

b) Darstellung des Bleisuperoxyds. Löse 100 g Bleizucker, sowie die nach Gleichung 2 erforderliche Menge Soda, jedes für sich in Wasser, vereinige beide Lösungen in einem Stehkolben von ungefähr 1 l Inhalt und leite in die breiartige Masse durch ein bis auf den Boden des Kolbens reichendes Glasrohr Chlor bis zur vollständigen Umwandlung des weißen Karbonats in braunes Superoxyd.

---

[1] Dasselbe ist in der Regel durch etwas Eisenoxyd und Bleikarbonat verunreinigt; ist letzteres zugegen, so findet beim Übergießen mit Essigsäure ein Aufbrausen statt.

[2] 1 T. Eisessig und 2 T. Wasser.

Zur Darstellung des Chlors übergießt man 2 T. feingepulverten Braunstein und 2 T. Kochsalz in einem Entwickelungskolben mit dem erkalteten Gemisch von 6 T. konz. Schwefelsäure und 2 T. Wasser. Diese Mischung entspricht, wenn der Braunstein 70 Proz. MnO_2 enthält, nahezu der Gleichung:

3) $$2NaCl + 3H_2SO_4 + MnO_2 = 2NaHSO_4 + MnSO_4 + 2Cl + 2H_2O.$$

Schon in der Kälte beginnt die Chlorentwickelung, man unterstützt sie durch gelindes Erwärmen des Kolbens auf einem Sandbade und erhält beim richtigen Regulieren der Flamme einen gleichmäßigen Chlorstrom.

Zwischen den Entwickelungskolben und das Zersetzungsgefäß ist eine Waschflasche (*B* Fig. 1) mit Wasser einzuschalten.

Da besonders im Anfange der Operation etwas Chlor unverbraucht entweicht, sind die zur Chlorentwickelung erforderlichen Materialien reichlicher zu bemessen; es genügt in der Regel, von denselben $^1/_3$ mehr anzuwenden, als der Gleichung (2) entspricht.

Nach beendeter Operation, die etwa $1^1/_2$ Stunden erfordert, erwärmt man den Inhalt des Zersetzungsgefäßes auf dem Wasserbade, bringt ihn alsdann in ein Becherglas, läßt absitzen und gießt die überstehende klare Lösung ab. Hierauf wird das Bleisuperoxyd im Becherglase mit verdünnter Salpetersäure digeriert, um etwa unzersetzt gebliebenes Bleikarbonat zu lösen und nach wiederholtem Dekantieren mit warmem Wasser auf ein Filter gebracht und ausgewaschen, bis das Waschwasser nicht mehr sauer reagiert.

Ausbeute: *62 bis 65 g Bleisuperoxyd statt ? g.*

Eigenschaften und Prüfung: Dunkelbraunes amorphes Pulver, in Salpetersäure unlöslich. Das Produkt soll beim Digerieren mit Salpetersäure kein Blei abgeben, nach Zusatz von etwas Kaliumnitrit sich jedoch in Salpetersäure klar lösen.

15. Antimontrichlorid $SbCl_3$.

(**Nebenprodukt:** *Natriumsulfid*, Na_2S.)

Roh- u. Hilfsstoffe: Geschlemmtes Grauspießglanzerz, konz. Salzsäure, Ätznatron.

Die Zersetzbarkeit des Grauspießglanzerzes durch Salzsäure ist von der Konzentration der Salzsäure und der Temperatur, bei welcher sie einwirkt, abhängig. Salzsäure mit 25 Proz. HCl und darüber zersetzt Grauspießglanz bereits allmählich in der Kälte, schneller beim Erhitzen:

1) $Sb_2S_3 + 6\,HCl = 2\,SbCl_3 + 3\,H_2S$.[1]

Aufgabe: *Es sollen 100 g Grauspießglanzerz in Antimontrichlorid verwandelt und hierbei als Nebenprodukt 1 l einer 5prozentigen wässrigen Lösung von Natriumsulfid gewonnen werden.*

Ausführung: Die zur Herstellung des Natriumsulfids (entsprechend der Aufgabe) erforderliche Menge Ätznatron (Gleichung 2 u. 3), löse in etwa 800 ccm Wasser, teile die Lösung in zwei gleiche Teile und fülle die eine Hälfte in die Retorte *C* (Fig. 1, S. 4), in die Waschflasche *B* gieb etwas Wasser. Hierauf bringe in den Rundkolben *A* das feinverteilte (geschlemmte) Grauspießglanzerz und füge ungefähr zweimal soviel konzentrierte Salzsäure hinzu, als der Gleichung 1 entspricht (warum genügt die theoretische Menge konz. Salzsäure

[1] Aus Lösungen von Antimontrichlorid in verdünnter Salzsäure wird (umgekehrt) durch Schwefelwasserstoff Antimontrisulfid gefällt:

$$2\,SbCl_3 + 3\,H_2S = Sb_2S_3 + 6\,HCl.$$

Ist der Gehalt der Salzsäure an HCl derartig, daß die Säure Antimontrisulfid zwar in der Wärme, aber nicht in der Kälte zu zersetzen vermag, so kann sich aus der klaren heißen Lösung (wenn der H_2S nicht vollständig fortgekocht wurde), beim Erkalten rotgelbes Antimontrisulfid ausscheiden.

nicht?). Die Zersetzung ist durch allmählich zu steigerndes Erhitzen des Kolbeninhaltes zu unterstützen und als beendet anzusehen, wenn die Gasentwickelung aufgehört hat.— Dauer der Operation: ungefähr 2 Stunden.

Enthält der Grauspießglanz Arsenverbindungen, so geht mit den Wasserdämpfen leicht flüchtiges Arsentrichlorid in die Waschflasche über, in der sich alsdann gelbes Arsentrisulfid abscheidet.

Das in der Retorte entstandene Natriumsulfhydrat vereinige mit der zweiten Hälfte Natronlauge und spüle die Retorte mit soviel Wasser nach, daß das Volum der vereinigten Lösungen 1 l beträgt.[1]

2) $$NaOH + H_2S = NaHS + H_2O$$

3) $$NaHS + NaOH = Na_2S + H_2O.$$

Nachdem sich in dem Zersetzungskolben das ungelöst Gebliebene vollständig zu Boden gesetzt hat, gieße

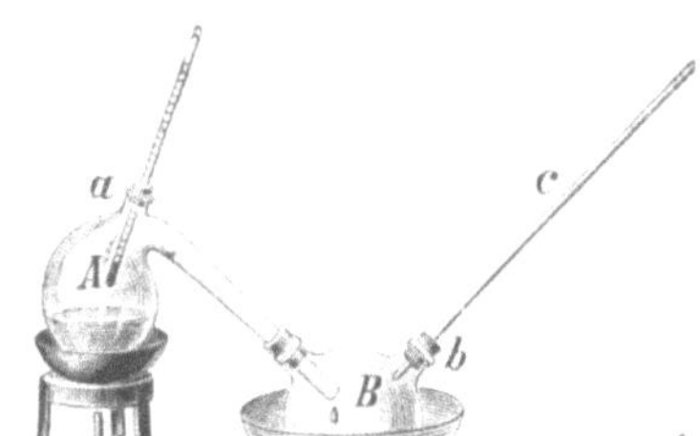

Fig. 11. Konzentrieren des Antimontrichlorids.

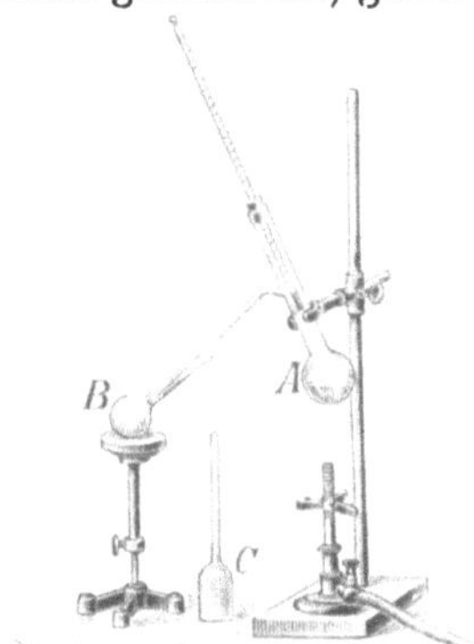

Fig. 12. Fraktionierte Destillation des Antimontrichlorids.

die Lösung in eine tubulierte Retorte (*A* Fig. 11) vom Bodensatz ab, bringe in den Tubulus *a* der Retorte ein Thermometer und destilliere den größten Teil des Was-

[1] Die Lösung des Kaliumsulfids ist für das Präparat 18 zu reservieren.

sers und der Salzsäure in eine Vorlage *B*, deren Tubulus *b* ein Rohr *c* zum Fortleiten der Salzsäure trägt (vergl. Fig. 11) ab, bis das Thermometer 120° zeigt. Alsdann führe den noch flüssigen Inhalt der Retorte in ein Destillationskölbchen (*A* Fig. 12) über und unterwirf ihn der fraktionierten Destillation. Die bis 180° und von da bis 220° übergehenden Anteile sind gesondert aufzufangen, alsdann ist zu prüfen, indem man einen Tropfen auf ein Uhrglas fallen läßt, ob das Destillat erstarrt. Ist dies der Fall, so wechsele die Vorlage *B* von neuem und setze das Erhitzen des Kolbens fort, so lange noch etwas übergeht. Hierbei ist darauf zu achten, daß sich das Abflußrohr des Destillationskölbchens nicht durch erstarrendes Antimontrichlorid verstopft, das eintretendenfalls sogleich durch eine bereit gehaltene Flamme zum Schmelzen zu bringen ist. In der Retorte bleibt ein braungelber Rückstand von basischem Eisenchlorid in geringerer oder größerer Menge, entsprechend dem Eisengehalt des Grauspießglanzerzes. Die Destillate sind in der Regel durch etwas mit übergerissenes Eisenchlorid gelblich gefärbt. Man sucht zunächst durch wiederholte fraktionierte Destillation der zuerst übergegangenen flüssigen Portionen noch festes Produkt zu gewinnen und unterwirft dann die festen Anteile zusammen einer letzten Destillation, bei der ein farbloses, krystallinisch erstarrendes Präparat erhalten wird, das man in einem Fläschchen (*C* Fig. 12), dessen röhrenförmiger Ansatz sich leicht zuschmelzen läßt, aufbewahrt.

Die **Ausbeute** *kann nicht der Theorie entsprechen, weil das Antimontrichlorid mit überhitzten Wasserdämpfen etwas flüchtig ist und daher zum Teil in die letzten wässrigen Destillate übergeht; sie richtet sich ferner nach der Reinheit des Grauspießglanzerzes.*

Eigenschaften: Das Antimontrichlorid bildet

eine weiße krystallinische Masse, die bei 73° schmilzt und bei 221° siedet. An der Luft zerfließt sie allmählich, indem sie Feuchtigkeit anzieht; mit wenig Wasser ist sie mischbar, mit viel Wasser findet Zersetzung in Antimonoxychlorid und Salzsäure statt:

$$SbCl_3 + H_2O = SbOCl + 2HCl.$$

16. Kieselfluorwasserstoffsäure.

H_2SiF_6.

(**Nebenprodukt:** *Kieselsäure.*)

Roh- u. Hilfsstoffe: Fluorcalcium (Flußspat), Kieselsäure (Kieselguhr oder Quarzsand),[1] konz. Schwefelsäure, (etwa 1 kg Quecksilber).

Die bei Einwirkung von konz. Schwefelsäure auf Fluorcalcium:

$$H_2SO_4 + CaF_2 = CaSO_4 + 2HF$$

frei werdende Fluorwasserstoffsäure wirkt auf gleichzeitig vorhandene Kieselsäure nach der Gleichung:

$$4HF + SiO_2 = SiF_4 + 2H_2O$$

ein. Durch überschüssige konz. Schwefelsäure wird das Wasser zurückgehalten, während das Fluorsilicium gasförmig entweicht. Wird dasselbe in Wasser geleitet, so bildet sich unter Abscheidung von gallertartiger Kieselsäure, Kieselfluorwasserstoffsäure:

$$3SiF_4 + 3H_2O = 2H_2SiF_6 + H_2SiO_3.$$

Aufgabe: *Verwandle das bei der Darstellung von Thonerde und Soda aus Kryolith (S. 19) als Nebenprodukt erhaltene Fluorcalcium oder 100 g Flußspat in Kieselfluorwasserstoffsäure.*

Der **Apparat** (Fig. 13) besteht aus dem Entwickelungsgefäß *A* und dem Glascylinder *B* von etwa 1 l Inhalt, welche durch die Röhren *c* und *d* miteinander in Verbindung stehen. Als Ent-

[1] Es kann auch die bei einer früheren Operation als Nebenprodukt gewonnene Kieselsäure verwendet werden.

wickelungsgefäß dient am besten ein $^3/_4$ l fassender Thonkrug von der Form, wie sie für Mineralwasserkrüge üblich ist. Der Krug wird in den als Sandbad dienenden eisernen Topf *E*, der auf dem Tellerbrenner *F* steht, gebracht und mit Sand umgeben. Das T-förmige Gasentbindungsrohr *d* ist möglichst weit zu wählen und durch einen Korkstopfen (oder mittels Gips) im Halse des Kruges zu befestigen. Das untere Ende ist seitlich eingefeilt, die obere Öffnung durch einen Korkstopfen verschlossen. Derselbe soll nicht fest eingedrückt, sondern nur lose aufgesetzt werden, damit er bei etwa eintretender Verstopfung der Röhre *c e* wie ein Ventil wirken kann. Das Glasrohr *c* reicht mit seinem unteren glockenförmig erweiterten Ende *e* gerade bis auf den Boden des Glascylinders *B*.

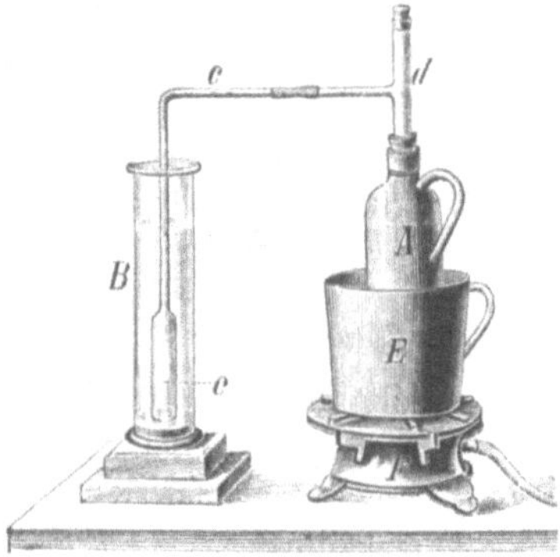

Fig. 13. Darstellung von Kieselfluorwasserstoffsäure.

Außerdem sind noch erforderlich: ein Tenakel mit Flanelltuch[1] und ein Glaslöffel, wie man ihn vor der Glasbläserlampe aus einer aufgeblasenen Kugel, nach dem sie zur Hälfte wieder erweicht wurde, durch schnelles Aussaugen der Luft, leicht selbst herstellen kann.

Ausführung: Die Kieselsäure wendet man am besten in feinverteiltem Zustande, in Form von gereinigter Kieselguhr oder Infusorienerde an und nimmt hiervon $^1/_4$ mehr als die Theorie verlangt, (von Quarzsand ist das doppelte zu nehmen). Die Schwefelsäure muß in größerem Überschuß vorhanden sein (warum?), auf 100 g Fluorcalcium nimm wenigstens 500 g H_2SO_4. Das Fluorcalcium und die Kieselerde sind zunächst, jedes für sich, in einer eisernen Schale auszuglühen bis alle Feuchtig-

[1] Als Colatorium (vergl. die Anmerkung S. 19) verwendet man Stoffe aus Tierfaser (Wolle), wenn die Lösung sauer, aus Pflanzenfaser, wenn sie alkalisch reagiert.

keit entfernt und die in der Kieselguhr vorhandene organische Substanz zerstört ist. Nach dem Erkalten sind beide Körper im Mörser fein zu pulvern und innig miteinander zu verreiben, bevor das Gemisch in den Krug gebracht wird. Hierauf stelle den Apparat zusammen und achte darauf, daß die Röhren *c* und *d* im Innern ganz trocken sind. In den Glascylinder gieb soviel Quecksilber, daß die untere Öffnung des Zuleitungsrohres *c* gerade abgeschlossen wird und hierauf Wasser, bis der Cylinder *B* etwa $^4/_5$ damit gefüllt ist. Nun gieße die Schwefelsäure mittels eines langhalsigen Trichters durch das **T**-Rohr in den Krug, verschließe die Öffnung des **T**-Rohres und zünde die Flamme unter dem Sandbade an.

Die Gasentwickelung beginnt sogleich und läßt sich leicht regulieren. Nachdem die Luft aus dem Apparat verdrängt ist, überziehen sich die aufsteigenden Blasen mit einer Haut von Kieselsäure. Dieselbe sammelt sich zunächst an der Oberfläche als gallertartige Masse und füllt allmählich den Cylinder immer mehr an. Hat sich der Inhalt des Cylinders soweit verdickt, daß die Gasblasen nur schwer ihren Weg finden, so schöpfe einen Teil mit dem Glaslöffel auf das mit Flanell bespannte Tenakel aus und gieße eine entsprechende Menge Wasser in den Cylinder nach. In der Regel wachsen gegen Ende der Reaktion, das man am Langsamerwerden der Gasentwickelung erkennt, aus dem Quecksilber Schläuche von Kieselsäure heraus, durch welche das noch unzersetzte Gas emporsteigt. — Dauer der Operation 2 bis 3 Stunden.

Der Inhalt des Cylinders ist vom Quecksilber abzugießen, zu kolieren und auszuwaschen. Die zurückbleibende Kieselsäure entferne nach dem Auswinden vom Kolatorium und trockne sie. Die Kolatur ist durch ein Papierfilter zu klären.

Die Bestimmung des Gehaltes der Lösung an Kieselfluorwasserstoffsäure erfolgt am einfachsten durch Titrieren mit Normalalkali in der Siedehitze unter Anwendung von Lackmus als Indikator:

$$H_2SiF_6 + 6KHO = 6KF + SiO_2 + 4H_2O,$$

1 ccm Normalalkali entspricht 0,024 g H_2SiF_6.

Ausbeute: *Ungefähr 80 Proz. der Theorie.*

Eigenschaften: Die Kieselfluorwasserstoffsäure läßt sich nicht durch Eindampfen konzentrieren, da sie hierbei allmählich in Fluorsilicium und Fluorwasserstoffsäure zerfällt. Kali- und Natronlauge erzeugen in nicht zu verdünnten Lösungen farblose, durchscheinende Niederschläge von Kieselfluorkalium und -natrium. Kieselfluorbaryum ist auch in Salzsäure unlöslich und von Baryumsulfat durch seine krystallinische (unter dem Mikroskop deutlicher erkennbare) Form leicht zu unterscheiden.

17. Krystallisiertes Silicium.

(**Zwischenprodukt:** *Kieselfluorkalium.*)

Roh- u. Hilfsstoffe: Kieselfluorwasserstoffsäure, Kalilauge, Aluminiumfeile, Salzsäure.

Erhitzt man Kieselfluorkalium mit Aluminium, so erhält man neben Kalium- und Aluminiumfluorid Silicium:

$$3K_2SiF_6 + 4Al = 3Si + 6KF + 4AlF_3.$$

Wendet man mehr Aluminium an, als der Gleichung entspricht, so löst das überschüssige Aluminium im geschmolzenen Zustande das Silicium auf. Beim Erstarren des Aluminiums scheidet sich das Silicium in kleinen Krystallen aus.

Aufgabe: *Verwandele die als Präparat 16 dargestellte Kieselfluorwasserstoffsäure in Silicium.*

Ausführung: Die Kieselfluorwasserstoffsäure ist mit einer konzentrierten Lösung von Ätzkali in Wasser genau zu neutralisieren:

$$H_2SiF_6 + 2KHO = K_2SiF_6 + 2H_2O,$$

was leicht gelingt, wenn man zunächst einen Teil der Kieselfluorwasserstoffsäure reserviert, den man der alkalisch gewordenen Lösung zusetzt.

Der durchscheinende, irisierende Niederschlag setzt sich bald zu Boden; nach dem Abfiltrieren, Absaugen und Trocknen erhält man das Kieselfluorkalium als weißes, amorphes Pulver.

Verreibe dasselbe mit einem Drittel seines Gewichtes Aluminiumfeile, bringe die Mischung in einen hessischen Tiegel, streue noch etwas Aluminium oben auf und erhitze den Tiegel etwa eine halbe Stunde bis zur Rotglut.

Nach dem Zerschlagen des Tiegels findet man einen größeren Regulus neben einigen kleineren Kugeln von grauer Farbe, an deren Oberflächen glänzende Siliciumkrystalle sichtbar sind, die unter der Lupe in der Regel deutlich als Oktaëder erscheinen. Die mechanisch von der Schlacke befreiten Metallkugeln und den Regulus behandele mit Salzsäure, bis das Aluminium in Lösung gegangen ist, das Silicium bleibt in grauschwarzen, graphitähnlichen, glänzenden Krystallblättern zurück.

Ausbeute: *Ungefähr $^1/_{10}$ des angewandten Kieselfluorkaliums (= ? Prozent der theoretischen Ausbeute?).*

Eigenschaften: Das krystallisierte Silicium wird von Säuren nicht angegriffen, Kali- und Natronlauge lösen es unter Wasserstoffentwickelung und Bildung von kieselsauren Salzen auf. Es ist härter als Glas und verbrennt nicht beim Erhitzen auf Platinblech. Von anhaftender Kieselsäure läßt es sich durch Behandeln mit Flußsäure in einer Platinschale befreien.

18. Entzinnen von Weißblechabfällen.

(**Hauptprodukt:** *Zinn;* **Nebenprodukt:** *Kaliumcyanat.*)

Roh- u. Hilfsstoffe: Weißblechschnitzel, Natriumsulfid, Schwefelblumen, rohe Salzsäure, Cyankalium.

Das Weißblech enthält 4 bis 6 Proz. Zinn, das vom Eisen durch Behandeln mit Natriumsulfid und Schwefel getrennt werden kann. Es bildet sich lösliches Natriumsulfostannat:

1) $$Sn + Na_2S + 2S = Na_2SnS_3,$$

aus welchem Säuren Zinnsulfid abscheiden z. B.:

2) $$Na_2SnS_3 + 2HCl = SnS_2 + H_2S + 2NaCl.$$

Das Zinnsulfid geht beim Erhitzen an der Luft (Rösten):

3) $$SnS_2 + 6O = SnO_2 + 2SO_2$$

in Zinnoxyd über, das durch Schmelzen mit Cyankalium reduziert wird:

4) $$SnO_2 + 2KCN = Sn + 2KCNO.$$

Aufgabe: *Es soll 1 kg Weißblechabfälle in der angegebenen Weise entzinnt werden.*

Ausführung: In einem eisernen Topf übergieße die klein zerschnittenen Weißblechabfälle mit soviel der bei Präparat 15 als Nebenprodukt erhaltenen Natriumsulfidlösung, wie die Bildung von Natriumsulfostannat (bei 6 Proz. *Sn*) erfordert, füge die entsprechende Menge Schwefelblumen und noch soviel Wasser hinzu, daß die Schnitzel vollständig bedeckt sind. Nun erhitze zum Sieden und unterhalte das Kochen unter Ersatz des verdampfenden Wassers so lange (1 bis 2 Stunden), bis alles Zinn vom Eisen entfernt ist. Nach dem Erkalten gieße die gelbe Lösung von dem Eisen klar ab, filtriere wenn nötig durch ein Sandfilter, und fälle mit Salzsäure. Das ausgeschiedene Zinnsulfid ist durch ein Stück Flanell zu kolieren, auszuwinden und zu trocknen. Das Rösten des Zinnsulfids läßt sich in einer flachen Eisenschale, oder auf einem Stück Eisenblech, auf welches man es in dünner Schicht ausbreitet, über einem gewöhnlichen Gasbrenner leicht bewerkstelligen, es ist als beendet anzusehen, wenn eine Probe, im Glühröhrchen erhitzt, keinen Schwefel mehr abscheidet. Das Zinnoxyd ist durch Chlornatrium verunreinigt, welches durch Auskochen mit Wasser zu entfernen ist.

Die Reduktion des Zinnoxyds führt man am besten so aus, daß man die nach Gleichung 4 erforderliche Menge Cyankalium in einem hessischen Tiegel zum Schmelzen bringt, das scharfgetrocknete Oxyd portionsweise einträgt, indem man zugleich von Zeit zu Zeit die Schmelze mit einem Eisenstab umrührt und schließlich noch so lange erhitzt, bis der Tiegelinhalt in ruhigen Fluß gekommen ist.

Nach dem Zerschlagen des erkalteten Tiegels trenne den Regulus von der Schlacke (Kaliumcyanat) und verwende dieselbe zu dem folgenden Präparat.

Ausbeute: *30 bis 40 g Zinn.*

19. Carbamid (Harnstoff),

$CO(NH_2)_2$.

Roh- u. Hilfsstoffe: Kaliumcyanat, verd. Schwefelsäure, Ammoniak, Alkohol.

Kaliumcyanat setzt sich mit Ammoniumsulfat zu Kaliumsulfat und Ammoniumcyanat:

$$2\,KCNO + (NH_4)_2SO_4 = K_2SO_4 + 2\,NH_4CNO$$

um, welches in wässriger Lösung beim Erwärmen eine molekulare Umlagerung zu Carbamid erleidet:

$$NH_4CNO = CO\begin{matrix}NH_2\\NH_2\end{matrix}.$$

Aufgabe: *Das bei Präparat 18 als Nebenprodukt gewonnene Kaliumcyanat soll in Harnstoff verwandelt werden.*

Ausführung: Koche die von dem Zinnregulus befreite Schlacke und die mit Schlacke bedeckten Scherben des Tiegels mit etwa $^1/_2$ l Wasser aus, filtriere die Lösung, versetze sie mit Ammoniumsulfat und dampfe die Mischung in einer Porzellanschale auf dem Wasserbade zur Trockne. Das Ammoniumsulfat stelle durch Neutralisieren einer, der bei Präparat 18 verwendeten Cyankaliummenge entsprechenden Quantität verdünnter Schwefelsäure durch Ammoniak her.

Die Trennung des Harnstoffs von dem Kaliumsulfat (und etwa vorhandenem überschüssigen Ammoniumsulfat)

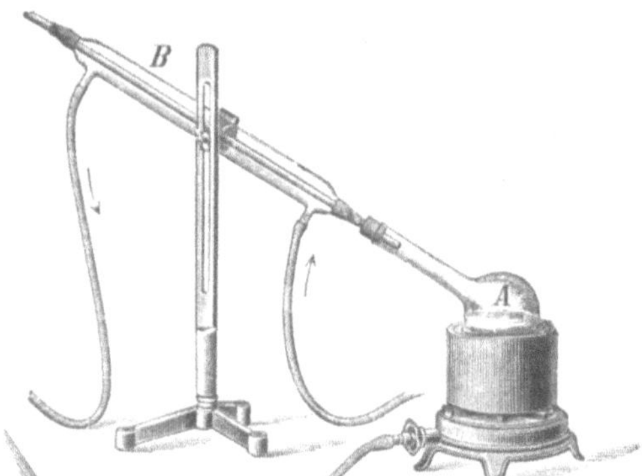

Fig. 14. Erhitzen am Rückflußkühler.

erfolgt durch Auskochen des Rückstandes mit Alkohol am Rückflußkühler (Fig. 14). Der Rundkolben *A*, welcher den Rückstand und ungefähr 0,25 l Alkohol (spez. Gew. 0,82) enthält, wird luftdicht mit dem Kühler *B* verbunden und hierauf auf dem Wasserbade erhitzt. Nachdem das

Sieden des Alkohols eine halbe Stunde angedauert hat, drehe die Flamme unter dem Wasserbade aus, entferne den Kolben *A* vom Kühler und filtriere die Lösung in einen Kolben *C* mit kurzem Hals, ohne das Ungelöste, das sich bald zu Boden setzt, mit aufs Filter zu bringen. Hierauf verbinde den Kolben *C* durch ein spitzwinkelig gebogenes Glasrohr luftdicht mit dem Kühler (Fig. 15), schiebe den Kolben *A* mit dem Rückstand über das untere Ende des Kühlers, destilliere den Alkohol bis auf wenige Kubikcentimeter ab und gieße dieselben in ein Krystallisationsschälchen. Beim Erkalten scheidet

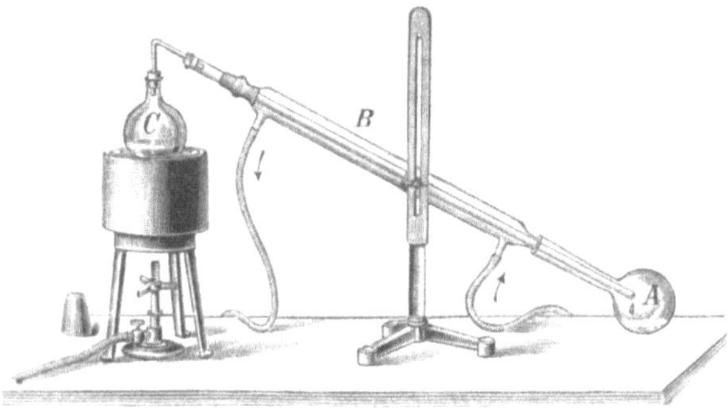

Fig. 15. **Abdestillieren des Alkohols.**

sich der Harnstoff in flachen Prismen aus. Wiederhole das Auskochen des Rückstandes im Kolben *A* u. s. w. so oft, bis sich aus demselben kein Harnstoff mehr ausziehen läßt.

Ausbeute: *30 bis 40 g Harnstoff aus 60 g Cyankalium statt ? g.*

Eigenschaften des Harnstoffs: Schmilzt auf Platinblech und zersetzt sich bei weiterem Erhitzen ohne einen Rückstand zu hinterlassen. In Alkohol leicht löslich, noch leichter in Wasser. Aus der wässrigen Lösung scheidet sich auf Zusatz von Salpetersäure schwerlösliches Harnstoffnitrat $CO(NH_2)_2 . HNO_3$, auf Zusatz von Quecksilberoxydnitrat die unlösliche Verbindung $2\,CO(NH_2)_2 . Hg(NO_3)_2 . 3\,HgO$ aus. (Harnstoffbestimmung nach Liebig.) Beim Behandeln mit unterbromigsaurem Natron (Harnstoffbestimmung nach Knop-Hüfner) oder mit salpetriger Säure zerfällt das Carbamid in Kohlensäure und Stickstoff:

$$CO(NH_2)_2 + 3\,NaBrO = CO_2 + 2\,N + 2\,H_2O + 3\,NaBr$$
$$CO(NH_2)_2 + 2\,HNO_2 = CO_2 + 4\,N + 3\,H_2O.$$

20. Baryumnitrat.

Roh- u. Hilfsstoffe: Gemahlener Schwerspat, Holzkohlenpulver, Salpetersäure.

Durch Glühen mit Kohle wird dem Baryumsulfat der Sauerstoff entzogen:

1) $$BaSO_4 + 4\,C = BaS + 4\,CO;$$

es entsteht Baryumsulfid, das durch Einwirkung von Salpetersäure zu Baryumnitrat umgesetzt wird:

2) $$BaS + 2\,HNO_3 = Ba(NO_3)_2 + H_2S.$$

Aufgabe: *100 g Schwerspat sollen in Baryumnitrat verwandelt werden.*

Ausführung: Erhitze das nach der Gleichung 1 hergestellte und auf das innigste verriebene Gemisch von Schwerspatmehl und feinstem Holzkohlenpulver in einem hessischen Tiegel etwa eine Stunde bis zur Rotglut. Der Inhalt des Tiegels soll nach dem Erkalten eine rötlichgraue, poröse, leicht zerbröckelnde Masse bilden.[1] Zerreibe dieselbe und trage sie portionsweise in Salpetersäure, nach der Gleichung 2 bemessen, ein. Die

[1] Erscheint der Inhalt des Tiegels noch pulverförmig, so glühe ihn nach dem Verreiben im Mörser von neuem.

Salpetersäure ist mit soviel Wasser zu verdünnen, wie die Gesamtmenge des zu erwartenden Baryumnitrats zur Lösung in der Kälte erfordert. Bei dieser Verdünnung findet keine nennenswerte Oxydation des freiwerdenden Schwefelwasserstoffs zu Schwefelsäure, d. h. keine Rückbildung von Baryumsulfat statt.

Wenn alles Baryumsulfid eingetragen ist, vertreibe den Schwefelwasserstoff durch Erwärmen, filtriere und dampfe die Lösung zur Krystallisation ein. Die Mutterlauge giebt beim weiteren Eindampfen noch brauchbare Krystalle, der letzte Rest kann durch Zusatz von Alkohol gefällt werden.

Ausbeute: *80 bis 90 Proz. der Theorie.*

Eigenschaften: Weiße, glänzende, reguläre Oktaëder; in Alkohol unlöslich.

21. Baryumsuperoxydhydrat,

$BaO_2, 8\,aq.$

(**Zwischenprodukt:** *Baryumoxyd.*)

Roh- u. Hilfsstoffe: Baryumnitrat, Baryumhydrat, Salzsäure, Eis.

Beim Glühen von Baryumnitrat entsteht Baryumoxyd:

1) $$Ba(NO_3)_2 = BaO + 2\,NO_2 + O;$$

leitet man über dasselbe in der Hitze Luft, so bildet sich Baryumsuperoxyd:

2) $$BaO + O = BaO_2.$$

Wird dieses in der Kälte vorsichtig mit Salzsäure zersetzt, so entsteht eine wässrige Lösung von Wasserstoffsuperoxyd:

3) $$BaO_2 + 2\,HCl = H_2O_2 + BaCl_2,$$

aus der auf Zusatz von Barytwasser krystallinisches Baryumsuperoxydhydrat ausfällt:

4) $$H_2O_2 + Ba(OH)_2 + 6H_2O = BaO_2, 8aq.$$

Aufgabe: *Verwandle das als Präparat 20 erhaltene Baryumnitrat in Baryumsuperoxydhydrat.*

Ausführung: Bringe das Baryumnitrat in einen hessischen Tiegel und erhitze denselben allmählich zur schwachen Rotglut. Der Inhalt des Tiegels erscheint nach dem Erkalten als grüngraue, harte, poröse Masse, die sich in der Regel nur nach dem Zerschlagen des Tiegels von den Wänden trennen läßt; sie ist sogleich in einer trockenen Büchse zu verwahren, damit sie nicht Wasser aus der Luft anziehe.

Zur Verwandlung des Baryumoxyds in Baryumsuperoxyd bringe das Oxyd in erbsengroßen Stücken in eine etwa 1,5 cm weite Röhre aus schwer schmelzbarem Glase[1] und verschließe dieselbe an beiden Enden zunächst durch lose Asbestpfropfen, dann luftdicht durch Korkstopfen, in denen kurze Glasröhren stecken, so, daß sich bequem Kautschukschläuche über dieselben schieben lassen. Hierauf erhitze die Röhre in einem Verbrennungsofen zur dunklen Rotglut[2] und leite Luft durch dieselbe. Um ein Urteil über die Geschwindigkeit, mit welcher sich die Luft durch die Röhre bewegt, zu haben, verbinde das Ende derselben, durch welches die Luft eintritt, mit einer Waschflasche, die etwas konzentrierte Schwefelsäure enthält.

---

[1] Die Länge der Röhre richtet sich nach der Länge des verfügbaren Verbrennungsofens; nach dem Beschicken ist die Röhre zu wägen.

[2] Bei dunkler Rotglut nimmt Baryumoxyd Sauerstoff aus der Luft auf (Gleichung 2); bei heller Rotglut findet rückwärts die Zersetzung des Superoxyds in Oxyd und Sauerstoff statt ($BaO_2 = BaO + O$). Hierauf beruht die technische Gewinnung von Sauerstoff aus der Luft.

Das Durchleiten der Luft erfolgt am einfachsten mittels eines Doppelflaschen-Aspirators.

5 l Luft entsprechen etwa 1 g Sauerstoff.

Nach dem Erkalten wäge die Röhre; die Operation, die 2 bis 3 Stunden erfordert, ist als beendet anzusehen, wenn die Gewichtszunahme annähernd der Theorie entspricht.

Verdünne die der Gleichung 3 entsprechende Menge Salzsäure mit soviel Wasser, daß eine 1 bis 2prozentige Säure entsteht, kühle dieselbe durch Einwerfen von Eisstücken ab und trage das gepulverte Baryumsuperoxyd nach und nach ein. Durch erneuten Zusatz von Eis ist die Lösung auf 0° zu erhalten. Hat sich nicht alles gelöst, so bringe den Bodensatz in einen Porzellanmörser und verreibe ihn wiederholt mit immer neuen Anteilen der Lösung, errfoderlichenfalls unter Zusatz von etwas verdünnter Salzsäure, bis sich nichts mehr löst. Die vereinigten schwach sauren Lösungen sind zunächst durch Barytwasser zu neutralisieren oder ganz schwach alkalisch zu machen, was zur Folge hat, daß Verunreinigungen (Thonerde, Eisenoxyd aus den Tiegelwandungen) zur Abscheidung gelangen. Aus dem Filtrat fällt durch weiteren Zusatz von Barytwasser das Baryumsuperoxydhydrat aus. Nach dem Abfiltrieren und Auswaschen hebe dasselbe im feuchten Zustande (en pâte) auf.

Die Ausbeute *ist durch Titrieren mit Kaliumpermanganat zu ermitteln:*

$$5\,BaO_2 + 2\,KMnO_4 + 8\,H_2SO_4 = K_2SO_4 + 2\,MnSO_4 + 5\,BaSO_4 + 8\,H_2O + 5\,O_2.$$

Eigenschaften: Glänzende quadratische Blättchen; in Wasser unlöslich; zersetzt sich beim Aufbewahren (allmählich auch in feuchtem Zustande) in Baryumhydroxyd und Sauerstoff. Die Lösung einiger Krystalle in verdünnter Salzsäure mit Äther überschichtet und mit einer Spur Kaliumchromat besetzt, giebt Überchromsäure, die beim Umschütteln mit violetter Farbe in den Äther übergeht.

22. Salzsaures Hydroxylamin,[1]

$HONH_2 . HCl.$

(**Zwischenprodukt:** Hydroxylamindisulfosaures Kalium.)

Roh- u. Hilfsstoffe: Soda, konz. Schwefelsäure, Kaliumnitrit, Chlorkalium, Chlorbaryum, Alkohol, Holzkohle, Eis.

Läßt man bei einer Temperatur von 0° 1 Mol. Kaliumnitrit auf 2 Mol. Mononatriumsulfit wirken,[2] so bildet sich:

$$1)\quad KNO_2 + 2NaHSO_3 = HON{SO_2ONa \atop SO_2ONa} + KHO,$$

das Natriumsalz der Hydroxylamindisulfosäure, welches sich mit Chlorkalium in das schwerlösliche Kaliumsalz umsetzt:

$$2)\quad HON(SO_3Na)_2 + 2KCl = HON(SO_3K)_2 + 2NaCl.$$

Kocht man die wässrige Lösung mit Chlorbaryum, so findet folgende Umsetzung statt:

$$3)\quad \begin{array}{c} HON(SO_3K)_2 + 2BaCl_2 + 2H_2O \\ = HONH_2 . HCl + 2BaSO_4 + 2KCl + HCl. \end{array}$$

Vom Chlorkalium läßt sich das salzsaure Hydroxylamin durch Alkohol trennen, in welchem dieses löslich, jenes unlöslich ist.

Aufgabe: *Verwandle 106 g kalzin. Soda in Mononatriumsulfit und verwende die Lösung desselben zur Herstellung des Präparates.*

Ausführung: Leite in die kalt gesättigte Sodalösung einen lebhaften Strom Schwefeldioxyd solange bis eine Probe der Lösung auch nach dem Umschütteln noch

[1] Von W. Lossen 1865 entdeckt und zuerst aus Salpetersäure-Äthylester dargestellt.

[2] Nach F. Raschig (D. R.-Patent 41 987).

stark nach Schwefeldioxyd riecht. — Dauer der Operation: 2 bis 3 Stunden.

$$Na_2CO_3 + 2SO_2 + H_2O = 2NaHSO_3 + CO_2.$$

Zur Darstellung des Schwefeldioxyds fülle einen Rundkolben von ungefähr 1 l Inhalt bis zum Halse mit nußgroßen Stücken trockener Holzkohle, füge soviel konz. Schwefelsäure hinzu, daß der Kolben etwa zur Hälfte damit gefüllt wird und erhitze den Kolben auf einem Sandbade (Apparat wie Fig. 1).

$$2H_2SO_4 + C = 2SO_2 + CO_2 + 2H_2O.$$

Löse die nach Gleichung 1 erforderliche Menge Kaliumnitrit in 0,5 l Wasser, kühle die Lösung und ebenso die Lösung des Mononatriumsulfits durch Einwerfen von Eisstücken auf 0^0 ab. Hierauf umgieb den Glaskolben, welcher die Nitritlösung enthält, mit zerstoßenem Eis und füge portionsweise die Sulfitlösung hinzu, so daß die Temperatur des Gemisches sich nicht merklich über 0^0 erhöht. Dann gieße die zur Umsetzung des Natriumsalzes in das Kaliumsalz nach Gleichung 2 erforderliche Menge Chlorkalium in kaltgesättigter, mit Eis gekühlter Lösung hinzu und lasse die Mischung über Nacht stehen. Das sich in festen Krystallkrusten ausscheidende hydroxylamindisulfosaure Kalium filtriere ab und wäge nach dem Trocknen zwischen Fließpapier. (Ausbeute bis 80 Prozent der Theorie.)

Zur Überführung in salzsaures Hydroxylamin löse das Kalisalz in der fünffachen Menge heißen Wassers, gieb die nach Gleichung 3 berechnete Menge Chlorbaryum in heißgesättigter Lösung hinzu und erhitze das Gemisch etwa 1 Stunde zum Kochen. Enthält die Lösung noch Schwefelsäure, so füge Chlorbaryum hinzu bis in einer abfiltrierten Probe kein Niederschlag mehr entsteht. Das vom Baryumsulfat getrennte Filtrat dampfe auf dem Wasserbade zur Trockne und ziehe den Rückstand mit etwa 0,25 l Alkohol wiederholt am Rückflußkühler aus. (Vergleiche bei Harnstoff Seite 54 u. 55.)

Ausbeute: *20 bis 30 g salzsaures Hydroxylamin.*

Eigenschaften des Hydroxylamins: Krystallisiert aus Wasser in Blättchen, aus Alkohol in monoklinen Krystallen. Zersetzt sich beim Erhitzen auf Platinblech ohne einen Rückstand zu hinterlassen. Die wässrige Lösung wirkt nach Zusatz von Alkali stark reduzierend. Durch Reduktion von Kupferoxydsalzen (vergl. S. 22) läßt sich noch 0,0001 salzsaures Hydroxylamin erkennen (Lossen).

23. Phosphorpentachlorid,

PCl_5.

Roh- u. Hilfsstoffe: Roter Phosphor, Kochsalz, Braunstein, konz. Schwefelsäure.

Chlor verwandelt roten Phosphor in der Hitze in Phosphorpentachlorid:

1) $$P + 5\,Cl = PCl_5.$$

Aufgabe: *20 g roter Phosphor sollen in Phosphorpentachlorid verwandelt werden.*

Apparat: Zur Entwickelung des Chlors genügt ein Rundkolben von 2 l Inhalt; derselbe ist mit einer Waschflasche, die etwas konzentrierte Schwefelsäure enthält, zu verbinden (*A* und *B* Fig. 1), an die sich, um das Chlor vollständig zu trocknen, ein U-Rohr oder ein Skrubber (*C* in Fig. 16) mit von Schwefelsäure durchtränkten Bimssteinstücken anschließt. Zur Aufnahme des Phosphors dient das Kugelrohr *D*, das man sich aus einem Rundkölbchen von etwa 200 ccm Inhalt durch Anschmelzen eines

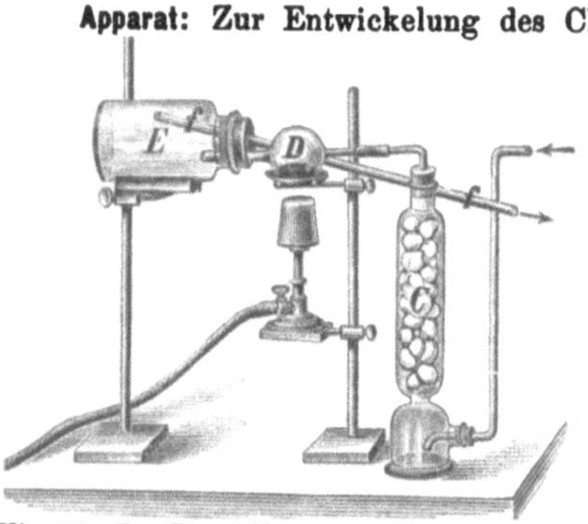

Fig. 16. Zur Darstellung von Phosphorpentachlorid.

Glasrohrs an die Mitte des Bodens herstellt. Die Kugel des Kölbchens ruht auf einem kleinen Sandbade. Der möglichst kurze, 15 bis 20 mm weite Hals des Kölbchens ist durch den Korkstopfen geführt, welcher die weithalsige Vorratsflasche *E* verschließt, und welcher noch ein 30 bis 40 cm langes Glasrohr *f*, wie es die Figur zeigt, trägt, weit genug, um im Falle des Verstopfens mit einem Glasstab hindurchfahren zu können. Der Stopfen, der nicht luftdicht zu schließen braucht, ist mit geschmolzenem Paraffin getränkt. Den Apparat stelle unter einem Abzug auf.

Ausführung: Nachdem der gutgetrocknete Phosphor in die Kugelröhre *D* gebracht ist, fülle den Chlorentwickelungskolben, wie Seite 43 angegeben ist, und verwende hierzu soviel Material, als der $1^1/_2$ fachen Menge des nach der Gleichung 1 erforderlichen Chlors entspricht. Nun zünde ein kleines Flämmchen unter dem Sandbade an und reguliere die Temperatur entsprechend der Chlorentwickelung. Anfangs, und wenn das Chlor nicht vollständig trocken ist, entweicht Salzsäure und Phosphoroxychlorid durch das Rohr *f*.[1] Die Kugelröhre ist bisweilen, besonders gegen Ende der Operation, um ihre Achse zu drehen, um das an die kälteren Glaswandungen sublimierte Produkt zu verjagen. Die nicht flüchtigen Verunreinigungen des Phosphors bleiben in der Kugel zurück, das in dem Halse der Kugelröhre festsitzende Phosphorpentachlorid läßt sich leicht in die Vorratsflasche kratzen. — Dauer der Operation: 2 bis 3 Stunden.

Ausbeute: *80 bis 90 Proz. der Theorie.*

Eigenschaften: Schwach gelblich gefärbte, krystallinische Masse, die an feuchter Luft raucht und sich mit wenig Wasser in Salzsäure und Phosphoroxychlorid, mit viel Wasser in Salzsäure und Phosphorsäure zersetzt:

$$PCl_5 + H_2O = POCl_3 + 2HCl$$
$$PCl_5 + 4H_2O = H_3PO_4 + 5HCl.$$

[1] Wenn der Phosphor arsenhaltig ist, auch Arsentrichlorid.

24. Monochlorschwefelsäure,

$SO_2 . OH . Cl.$

(*Sulfurylhydroxylchlorid.*)

(**Zwischenprodukt:** Wasserfreie Schwefelsäure.)

Roh- u. Hilfsstoffe: Konz. Schwefelsäure, rauchende Schwefelsäure, Phosphorpentachlorid.

Fügt man zu wasserfreier Schwefelsäure Phosphorpentachlorid:

$$H_2SO_4 + PCl_5 = SO_2{}^{OH}_{Cl} + POCl_3 + HCl,$$

so entsteht neben Salzsäure Monochlorschwefelsäure und Phosphoroxychlorid; dieses wirkt weiter auf Schwefelsäure ein, wobei sich wieder Monochlorschwefelsäure und Metaphosphorsäure bilden:

$$POCl_3 + 2H_2SO_4 = 2SO_2{}^{OH}_{Cl} + PO_2OH + HCl.$$

Aufgabe: *Verwandle 200 g wasserfreie Schwefelsäure in Monochlorschwefelsäure.*

Ausführung: 1. Darstellung der wasserfreien Schwefelsäure (H_2SO_4). Bestimme durch Titrieren:

a) den Gehalt von H_2SO_4 und H_2O in der konzentrierten Schwefelsäure;

b) den Gehalt an H_2SO_4 und SO_3 in der rauchenden Schwefelsäure;

und mische beide in dem Verhältnis zusammen, daß H_2SO_4 resultiert:

$$(a\ H_2SO_4 + xH_2O) + \left(b\ H_2SO_4 + \frac{80}{18}x\,SO_3\right) = \left(a + b + \frac{98}{18}x\right)H_2SO_4.$$

2. Darstellung des Chlorids. Bringe die wasserfreie Schwefelsäure in einen Rundkolben von etwa 1,5 l Inhalt und gieb mit einem Porzellanspatel portionsweise die nach der Formel:

$$3SO_2{}^{OH}_{OH} + PCl_5 = 3SO_2{}^{Cl}_{OH} + PO_2OH + 2HCl$$

berechnete Menge Phosphorpentachlorid hinzu. Die Reaktion ist heftig. (Dauer der Operation $^1/_2$ Stunde.) Hierauf erwärme den Kolben auf einem Sandbade bis keine Salzsäure mehr entweicht, gieße das Produkt in eine tubulierte Retorte *A* (Fig. 11) und destilliere auf einem Sandbade das Chlorid ab. Die tubulierte Vorlage *B* ist gut zu trocknen und so an die Retorte zu befestigen, daß das Destillat frei herabfallen kann. Wenn das Thermometer 160° zeigt, ist die Destillation zu unterbrechen. Der Rückstand in der Retorte besteht aus Metaphosphorsäure und unveränderter Schwefelsäure. Das Destillat wird aus einem Fraktionierkölbchen (Fig. 12), das mit einem Kühler zu verbinden ist, rektifiziert und ist in einer (trockenen) Glasflasche mit Glasstopfen aufzubewahren.

Ausbeute: *Ungefähr 80 Prozent der Theorie.*

Eigenschaften: Siedepunkt 153°. Raucht an feuchter Luft und zersetzt sich allmählich zu Schwefelsäure und Salzsäure; beim Eintropfen in Wasser findet die Zersetzung mit explosionsartiger Heftigkeit statt.

25. Amidosulfonsäure,

$SO_2.OH.NH_2$.

(*Sulfaminsäure.*)

A. Aus Monochlorschwefelsäure.

(**Zwischenprodukt:** *Imidosulfonsaures Baryum.*)

Roh- u. Hilfsstoffe: Monochlorschwefelsäure, Ammoniakgas, Chlorbaryum, Ätzkalk, Ätznatron, Chloroform, Glycerin.

Aufgabe: *Das als Präparat 24 erhaltene Sulfurylhydroxylchlorid*[1] *soll in Sulfaminsäure verwandelt werden.*

[1] In der Regel werden 180 g Sulfurylchlorid als Präparat 24 erhalten, es sollen nicht weniger als 100 g verarbeitet werden.

Bei der Einwirkung von gasförmigem, trockenem Ammoniak in der Kälte entsteht neben Salmiak vorzugsweise[1] Imidosulfonsäure:

$$1)\qquad 2\,SO_2{}^{Cl}_{OH} + 3\,NH_3 = N\begin{cases}SO_2OH\\SO_2OH\\H\end{cases} + 2\,NH_4Cl\,.$$

Das in Wasser ziemlich leicht lösliche imidosulfonsaure Ammonium läßt sich vom Salmiak nicht durch Umkrystallisieren trennen.

Durch Versetzen mit einer hinreichenden Menge von Chlorbaryum entsteht in ammoniakalischer Lösung das basische Baryumsalz, in welchem auch der Imidwasserstoff durch Baryum vertreten ist:

$$Ba{}^{OSO_2}_{OSO_2}N.Ba.N{}^{SO_2O}_{SO_2O}Ba,$$

dieses Salz ist in Wasser unlöslich und kann daher leicht vom Salmiak getrennt werden.

Übergießt man das basische Salz mit wenig verdünnter Salzsäure, so entsteht das krystallinische neutrale Baryumsalz:

$$N_2Ba_3(SO_3)_4 + 2\,HCl = 2\,N\begin{cases}SO_2O\\SO_2O\\H\end{cases}\!\!Ba + BaCl_2\,,$$

welches beim Kochen mit Wasser in Sulfaminsäure und Baryumsulfat zerfällt:

$$N\begin{cases}SO_2O\\SO_2O\\H\end{cases}\!\!Ba + H_2O = N\begin{cases}SO_2OH\\H\\H\end{cases} + BaSO_4\,.$$

[1] Daneben bildet sich, insbesondere wenn das Ammoniak nicht ganz trocken ist, mehr oder weniger Schwefelsäure:

$$NH(SO_3H)_2 + 2\,H_2O = 2\,H_2SO_4 + NH_3\,.$$

Die Schwefelsäure und ebenso die Imidosulfonsäure vereinigen sich mit dem in Überschuß vorhandenen Ammoniak zu Ammoniumsalzen. Freie Imidosulfonsäure ist nicht bekannt.

Apparat: Der zur Entwickelung des Ammoniaks dienende Kolben ist mit einer Waschflasche (*A* u. *B* Fig. 1) und diese wiederum mit zwei Skrubber (*C* u. *D* in Fig. 17) zu verbinden, von denen der eine (*C*) mit nußgroßen Stücken gebranntem Kalk, der andere (*D*) mit kurzen Stängelchen Ätznatron gefüllt ist. Aus *D* gelangt das trockene Ammoniak durch das leicht auf- und abwärts bewegliche T-Rohr *f*, dessen obere Öffnung durch einen Korkstopfen verschlossen ist, in den Stehkolben *E* von 1 bis 2 l

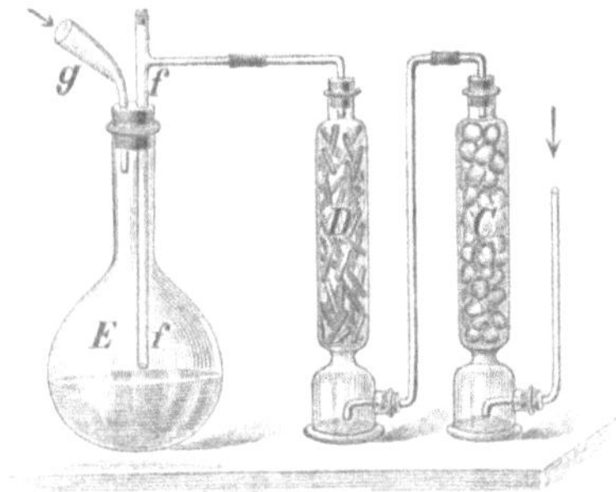

Fig. 17. Zur Darstellung der Amidosulfonsäure.

Inhalt. Derselbe steht zugleich mit einem aufsteigenden Kühler (*B* Fig. 14) in Verbindung, welcher in der Richtung des Pfeils (Fig. 17) in die Öffnung des oben erweiterten Knierohres *g* zu befestigen ist.

Ausführung: Mische das Sulfurylhydroxylchlorid mit der $2^1/_2$fachen Menge Chloroform, das zuvor durch Chlorcalcium getrocknet worden ist, und bringe das Gemisch in den Kolben *E*. Das Ammoniakgas kann wie bei Präparat 2 oder bequemer durch gelindes Erwärmen von konzentriertem Ammoniak bereitet werden. Das Gas soll völlig trocken nach *E* gelangen. Mit dem beschriebenen Apparate läßt sich ein lebhafter Gasstrom trocknen, wenn man, um zu vermeiden, daß das Gas Feuchtigkeit aus der Waschflasche aufnimmt, in dieselbe Glycerin als Sperrflüssigkeit füllt. Dem **T**-Rohr *f* gieb zunächst eine solche Stellung, wie es die Fig. 17 zeigt, später, wenn die Gefahr des Verstopfens nicht mehr so groß ist, läßt man es in die Flüssigkeit eintauchen.

Das beim Einleiten von Ammoniak in Sulfurylhydroxylchlorid entstehende imidosulfonsaure Ammonium ist in Chloroform unlöslich und scheidet sich daher neben Salmiak aus. Eine Verstopfung des T- oder des Kühl-Rohrs läßt sich leicht mechanisch beseitigen.

Das Reaktionsgemisch erwärmt sich, das hierbei verdampfende Chloroform wird in dem Rückflußkühler verdichtet und tropft in den Kolben *E* zurück. Die Beendigung der Reaktion wird durch das Kaltwerden des Kolbeninhalts angedeutet, der alsdann auch nach längerem Stehen deutlich nach Ammoniak riecht. — Dauer der Operation: 3 Stunden.

Filtriere das Chloroform von dem festen Rückstand ab, befreie es von Ammoniak durch Schütteln mit Wasser im Scheidetrichter und reinige es durch Destillation im Wasserbade[1] (Fig. 15). Von dem Rückstand auf dem Filter löse eine Probe in Wasser. Tritt hierbei eine Erwärmung ein, oder reagiert die Lösung sauer,[2] so bringe den Rückstand vom Filter in den Kolben zurück und leite von neuem Ammoniak in denselben, ohne ihn mit dem Kühler zu verbinden, bis sich eine Probe in Wasser mit alkalischer Reaktion löst. Das trockene weiße Pulver (imidosulfonsaures Baryum und Salmiak) löse im Kolben mit kaltem Wasser, säuere die Lösung mit Salzsäure schwach an, und füge eine kaltgesättigte Lösung von soviel Chlorbaryum, wie der $1^1/_2$ fachen Gewichtsmenge des verarbeiteten Sulfuryloxychlorids entspricht, hinzu. Von dem ausgeschiedenen Baryumsulfat

[1] Auf diese Weise lassen sich leicht $^2/_3$ des angewendeten Chloroforms wieder gewinnen.

[2] Dies ist der Fall, wenn noch unverändertes Sulfurylhydroxyl vorhanden ist:

$$SO_2OHCl + H_2O = H_2SO_4 + HCl.$$

filtriere die Lösung in ein Gefäß ab, das in genügender Menge verdünntes Ammoniak enthält, so daß das Filtrat dauernd alkalisch bleibt; es scheidet sich dann basisch imidosulfonsaures Baryum aus. Dasselbe ist abzufiltrieren, durch Drücken zwischen Fließpapier von der Feuchtigkeit möglichst zu befreien und in Wasser zu suspendieren. Zu dem in Wasser suspendierten Baryumsalz füge rasch hintereinander soviel (nicht mehr!) verdünnte Salzsäure, wie gerade zur Lösung erforderlich ist. Sehr bald, werden die Wandungen des Glases mit einem Glasstab gerieben, fast sofort, scheidet sich das neutrale imidosulfonsaure Baryum ($NH(SO_3)_2Ba$) krystallinisch ab, das nach beendeter Ausscheidung abzufiltrieren und zwischen Papier abzupressen ist.

Um die Amidosulfonsäure zu gewinnen, suspendiere das neutrale imidosulfonsaure Baryum in der gleichen Gewichtsmenge Wasser und erwärme die Mischung auf dem Wasserbade (ungefähr $^1/_2$ Stunde), bis eine Probe unter dem Mikroskop keine Krystalle mehr erkennen läßt. Dann filtriere das Baryumsulfat ab und stelle das Filtrat (ohne Waschwasser) unter den Exsikkator. Nach 1 bis 2 Tagen scheidet sich die Amidosulfonsäure in schönen Krystallen aus.

B. Aus Hydroxylamin.[1]

Roh- und Hilfsstoffe: Salzsaures Hydroxylamin, Schwefeldioxyd.

Schwefeldioxyd wirkt auf in Wasser gelöste Hydroxylaminsalze unter Bildung von Amidosulfonsäure ein:

$$HO.NH_2 + SO_2 = N(SO_2OH)H_2.$$

Aufgabe: *Verwandle das als Präparat 24 erhaltene salzsaure Hydroxylamin in Amidosulfonsäure.*

Ausführung: Löse das salzsaure Hydroxylamin in

[1] Nach Raschig.

wenig Wasser und leite in die Lösung längere Zeit Schwefeldioxyd (vergl. S. 61). Nach beendeter Reaktion scheidet sich beim Wiedererkalten der Lösung, erforderlichenfalls beim Einengen derselben auf dem Wasserbade, Amidosulfonsäure aus. Dieselbe ist von anhaftendem Hydroxylaminsalz durch Umkrystallisieren aus Wasser zu reinigen.

Eigenschaften der Amidosulfonsäure: Wasserhelle, rhombische Krystalle. Die wässrige Lösung giebt mit Baryumchlorid keinen Niederschlag (Unterschied von Schwefelsäure) und wirkt nicht reduzierend; kocht man dieselbe nach Zusatz einer Mineralsäure, so zersetzt sie sich allmählich unter Bildung von Schwefelsäure und Ammoniak:

$$N(SO_2OH)H_2 + H_2O = H_2SO_4 + NH_3.$$

Tabellen.

Die ein- bis fünffachen Atomgewichte der häufig gebrauchten Elemente.

(Abgerundet.)

		1	2	3	4	5
Aluminium . . .	*Al*	27	54	81	108	135
Antimon	*Sb*	120	239	359	478	598
Baryum	*Ba*	137	274	411	548	685
Blei	*Pb*	206	413	619	826	1032
Calcium	*Ca*	40	80	120	160	200
Chlor	*Cl*	35	71	106	142	177
Eisen	*Fe*	56	112	168	224	280
Fluor	*F*	19	38	57	76	95
Kalium	*K*	39	78	117	156	195
Kohlenstoff . . .	*C*	12	24	36	48	60
Kupfer	*Cu*	63	126	190	253	316
Mangan	*Mn*	55	110	165	220	275
Natrium	*Na*	23	46	69	92	115
Phosphor	*P*	31	62	93	124	155
Sauerstoff	*O*	16	32	48	64	80
Schwefel	*S*	32	64	96	128	160
Silber	*Ag*	108	215	323	431	538
Silicium	*Si*	28	56	85	113	141
Stickstoff	*N*	14	28	42	56	70
Zinn	*Sn*	118	236	354	472	590

Volumgewicht und Gehalt der **Salzsäure**
(bei 15° C.).

Vol.-Gew.	Gew.-Proz. HCl	Vol.-Gew.	Gew.-Proz. HCl
1,035	7,1	1,110	21,9
1,040	8,1	1,115	22,9
1,045	9,1	1,120	23,9
1,050	10,0	1,125	24,8
1,055	11,0	1,130	25,8
1,060	12,0	1,135	26,8
1,065	13,0	1,140	27,8
1,070	14,0	1,145	28,8
1,075	15,0	1,150	29,8
1,080	16,0	1,155	30,8
1,085	16,9	1,160	31,8
1,090	17,9	1,165	32,8
1,095	18,9	1,170	33,7
1,100	19,9	1,175	34,7
1,105	20,9	1,180	35,7

Volumgewicht und Gehalt der **Salpetersäure**
(bei 15° C.).

Vol.-Gew.	Gew.-Proz. HNO_3	Vol.-Gew.	Gew.-Proz. HNO_3
1,200	32,2	1,360	57,5
1,210	33,8	1,370	59,3
1,220	35,4	1,380	61,1
1,230	36,9	1,390	62,9
1,240	38,4	1,400	64,9
1,250	40,0	1,410	67,1
1,260	41,4	1,420	69,3
1,270	42,9	1,430	71,6
1,280	44,4	1,440	74,4
1,290	45,9	1,450	77,3
1,300	47,4	1,460	80,1
1,310	48,9	1,470	83,0
1,320	50,5	1,480	85,8
1,330	52,1	1,490	89,0
1,340	53,9	1,500	92,3
1,350	55,7	1,510	94,6

Volumgewicht und Gehalt der **konz. Schwefelsäure**

(bei 15° C.).

Vol.-Gew.	Gew.-Proz. H_2SO_4
1,820	90,0
1,825	91,0
1,830	92,0
1,835	93,5
1,840	96,0

Anmerkung. Das spez. Gew. der konz. Schwefelsäure steigt bis zu einem Gehalt von 97,7 Proz. bis auf 1,8413. Von da nimmt es um ein geringes wieder ab, es entspricht z. B.:

98,0 Gew.-Proz. H_2SO_4 das spez. Gew. 1,8412
99,0 „ „ „ „ „ „ 1,8403
100,0 „ „ „ „ „ „ 1,8384

Volumgewicht und Gehalt des **Ammoniaks**

(bei 15° C.).

Vol.-Gew.	Gew.-Proz. NH_3	Vol.-Gew.	Gew.-Proz. NH_3
0,995	1,0	0,935	16,9
0,990	2,1	0,930	18,3
0,985	3,3	0,925	19,8
0,980	4,5	0,920	21,3
0,975	5,7	0,915	22,8
0,970	7,0	0,910	24,4
0,965	8,4	0,905	26,0
0,960	9,8	0,900	27,7
0,955	11,2	0,895	29,5
0,950	12,6	0,890	31,4
0,945	14,0	0,885	33,4
0,940	15,4	0,880	35,5

Löslichkeit einiger Salze in Wasser.

100 Teile Wasser lösen ? g.

bei	0°	10°	20°	40°	60°	80°	100°
Alaun $KAl(SO_4)_2$, 12 aq.	3,9	9,5	15,1	30,9	66,6	134,5	357,5
Baryumhydrat $Ba(OH)_2$, 8 aq.	—	4,7	7,4	16,4	48,1	3875	—
Baryumnitrat $Ba(NO_3)_2$	5,2	7,0	9,2	14,2	20,3	27,0	32,2
Chlorammonium NH_4Cl	28,4	32,8	37,3	46,2	55,0	63,9	72,8
Chlorbaryum $BaCl_2$, 2 aq.	—	41,5	44,6	—	59,1	—	76,9
Chlorkalium KCl	28,5	32,0	34,7	40,1	45,5	51,0	56,6
Eisenoxydulsulfat $FeSO_4$, 7 aq.	—	61	115 bei 24°	227 bei 46°	—	270 bei 84°	—
Kupfersulfat $CuSO_4$, 5 aq.	31,6	37,0	42,3	56,9	77,4	118,0	203,3
Kryst. Natriumkarbonat[1] Na_2CO_3, 10 aq.	21,3	40,9	92,8	1142,2 bei 38°	—	—	—
Entw. Natriumkarbonat Na_2CO_3	—	12,6	21,4	59,0 bei 33°	—	—	45,4
Natriumphosphat[2] $NaHPO_4$, 12 aq.	6,5	10,5	27,2	4850	—	—	—

[1] Schmilzt bei 50° im Krystallwasser.
[2] Schmilzt wenig über 40° im Krystallwasser.

Löslichkeit einiger Salze in Wasser.

1 Teil Substanz braucht zur Lösung ? Wasser:

bei	0°	10°	20°	40°	60°	80°	100°
Alaun $KAl(SO_4)_2$, *12 aq.*	25,6	10,5	6,6	3,2	1,5	0,74	0,28
Baryumhydrat $Ba(OH)_2$, *8 aq.*	—	21,3	13,5	6,1	2,1	0,026	—
Baryumnitrat $Ba(NO_3)_2$	19,2	14,3	10,9	7,0	4,9	3,7	3,1
Chlorammonium NH_4Cl	3,5	3,0	2,7	2,2	1,8	1,6	1,4
Chlorbaryum $BaCl_2$, *2 aq.*	—	2,4	2,2	—	1,7	—	1,3
Chlorkalium KCl	3,5	3,1	2,9	2,5	2,2	2,0	1,8
Eisenoxydulsulfat $FeSO_4$, *7 aq.*	—	1,6	0,87 bei 24°	0,44 bei 46°	—	0,37 bei 84°	—
Kupfersulfat $CuSO_4$, *5 aq.*	3,2	2,7	2,4	1,8	1,3	0,85	0,49
Kryst. Natriumkarbonat Na_2CO_3, *10 aq.*	4,7	2,4	1,1	0,09 bei 38°	—	—	—
Entw. Natriumkarbonat Na_2CO_3	—	7,9	4,7	1,7 bei 33°	2,2	2,2	2,2
Natriumphosphat $NaHPO_4$, *12 aq.*	15,4	9,5	3,7	0,021	—	—	—

MIX
Papier | Fördert gute Waldnutzung
FSC® C083411

Zeitfracht Medien GmbH
Ferdinand-Jühlke-Straße 7
99095 Erfurt, Deutschland
produktsicherheit@kolibri360.de